[0歲—青春期]

中醫教新手父母

吳建隆醫師◎著

育兒經

自序

現代人愈來愈晚婚，進而愈來愈晚生小孩，也生的愈來愈少。以前家裡有三個小孩叫做小家庭，現在家裡若有三個小孩，那就是大家庭了。無論生幾個，父母養育小孩的原則從古到今都不會變，就是盡量給自己的寶貝最好的，並希望子女都能成龍成鳳。

門診中常有父母帶著自己的掌上明珠或心肝寶貝來看診，甚至爺爺奶奶也陪著內孫、外孫或金孫一起進來診間，看得出來小朋友的營養與物質層面豐裕，但卻常常生病或是有過敏體質。從言語間也知道全家為了照顧心肝寶貝，能給的都盡力供給了，然而這些心肝寶貝的抵抗力卻沒有預期中的好，甚至身高、體重的發育，也不如其他小朋友，於是問了許多的問題，也說出許多道聽塗說的答案，當然也有許多是不合中醫養生的答案。

聽了十餘年，發現其實每位父母的問題都大同小異，但所獲得的答案卻都千奇百怪，當下想著古人說：「第一胎照書養」，若有這本書該有多好，搞不好，我也能比現在的我更為強壯呢，但是這本書在哪裡？

養育小孩的方法，每個人都有自己的一套，父母爺奶也會因為觀念差異而產生家庭的不和諧，尤其是每當小朋友生病的時候。然而在反覆生病的情況下，小朋友一眨眼就長大了，回想起來，好像沒有把他們照顧得很好，也似乎有愧於他們。若當時手裡有本像電玩遊戲的攻略本，而在自己的第一胎出生前就先看過的話，或是能夠依循攻略本的提醒，在小朋友成長的各個時期，留意他們發展的過程，適時看西醫檢查身體、看中醫調理身體，心肝寶貝成長過程就能更加圓滿，這也有助於他們日後能有個強健的身體來面對各種挑戰。

坊間養兒育女的書籍很多，哪一本才是第一胎該遵照來養育的呢？基於上述的理由以及減少新手父母嘗試錯誤的可能，筆者花了許久時間寫這本書。這本書是筆者在台北市立聯合醫院中醫內兒科及針灸科門診中，將每個年齡層的小朋友的常見病症及保養方式進行整理與補充，架構是以小朋友發育的時間軸為主，即從出生到滿月前（新生兒照護的階段），到六個月前（此時尚有媽媽的抗體存在），到週歲前（自己的抗體得開始工作），到三歲前（居家生活的環境為多），到國小中年級（約十歲左右）以至於到國中畢業（約十五歲左右）等六個階段。

針對小朋友每個時期的發展重點，試著用淺顯的字眼帶入中醫的養生觀念，讓新手父母能提早準備、留意，並在小朋友發育不如預期時有個可依循的方針，也能在適當的時間點介入調理治療，讓小朋友的成長過程不會後悔。除了觀念上的說明外，本書也提供數種平常在家就能給小朋友煎煮服用的藥膳茶飲及服用需知。另外，也針對常見病症與體質調理的養生保健穴位以及按摩方式加以說明，以期能夠對小朋友的成長有所幫助。

小朋友常見的問題有抵抗力弱、常感冒、鼻子過敏、胃口不好、便祕、哭鬧、身體太瘦沒有肉等，大一點的則會有氣喘、過動症、注意力不集中、尿床、胃口還是不好、體重過輕等，再大一點的就是男女生青春期的問題，諸如轉骨、成長痛、月經過程、疝氣、脊椎側彎等。以上的問題都可在本書中找到解決辦法，除了父母可以用本書來照顧自己的心肝寶貝，而爺爺奶奶也可用來照顧自己的金孫，另外若是以前沒有照顧好自己的，也可以應用本書的養生觀念，從現在開始來強化自己的身體。

隨著醫學日新月異的進步，傳統與現代的衝擊也持續存在，新的知識雖然一直出現，但也無法抹滅古人的智慧。最後，小朋友若有疾病發生時，仍要及時尋求西醫及中醫治療，而後的病調理及平日養生原則，中醫還是有一套不錯的方法。敬祝各讀者，身體健康。

吳建隆

二〇一三年九月九日　台北

前言

中醫養生，從零歲就可以開始

不管您之前讀了多少養兒育女的書籍，或聽過別人多少的育兒心得，甚至有過不只一次的「一日褓母」經驗，但一定得等到您親自照顧寶寶的這一刻，才能真正地體會到養兒育女的甜蜜負擔。

然而，您可能經常聽到自己的親朋好友提及：養兒育女的甜蜜時間總是過得很快，感覺自己的寶寶才剛會叫爸爸、媽媽，沒多久寶寶就已經到了可以上學的年齡了。這時卻發現，寶寶的胃口好像比較差，導致身高不是太矮，就是體重不夠；另外，寶寶的抵抗力好像比別的孩子差，經常患有流行性感冒，甚至還會誘發過敏、氣喘等症狀，深怕以後得常去醫院；往後，還要擔心上課的注意力不集中、男女生青春期階段的轉骨發育等問題。

同時，養育自己寶寶的過程中，也得接受長輩的無形壓力……因此很多新手爸媽曾向我表示希望有本書，能將基本的育兒知識事先告知自己，這樣就不用事後懊惱了。

這本書融合眾多育兒書籍的精華，依中醫的角度重新整理收納，並加入中醫的觀點，而每個章節以分齡的方式來導入觀念，希望讓新手爸媽只要輕鬆的閱讀，就能領會養兒育女的要點。

孩子的成長如同堆高積木，必須在平坦的桌面上堆疊，由下堆起，最下層的積木宜大一點、堅固一點，較下層的幾個積木，也要夠堅硬平整，往上堆高時才不會輕易倒下。在孩子成長的過程中，爸媽猶如平坦的桌面，寶寶日後的發展則像不斷往上堆疊的積木，嬰幼兒階段就如同較下層的積木。如果照顧得較完善時，也比較好養育成人；抵抗力較佳時，孩子才能嘗試更多的挑戰，也不用大人煩惱。

就醫學角度來說，離開媽媽的身體後，寶寶就會自行成長。六個月後，媽媽留給寶寶的抗體減少，而寶寶的抗體則開始產生作用，於是會有些感冒病症，甚至進入學校時，還會常常感冒。而中醫的養生及用藥觀念，以維持寶寶元氣為優先，進而讓抵抗力的機能正常，也比較好養育成人。

現在，就讓我們一起照著書本，好好的照養我們生命中的小天使吧！

CONTENTS

1

0歲寶寶，吃好睡好是重點

滿月前的新生兒照顧

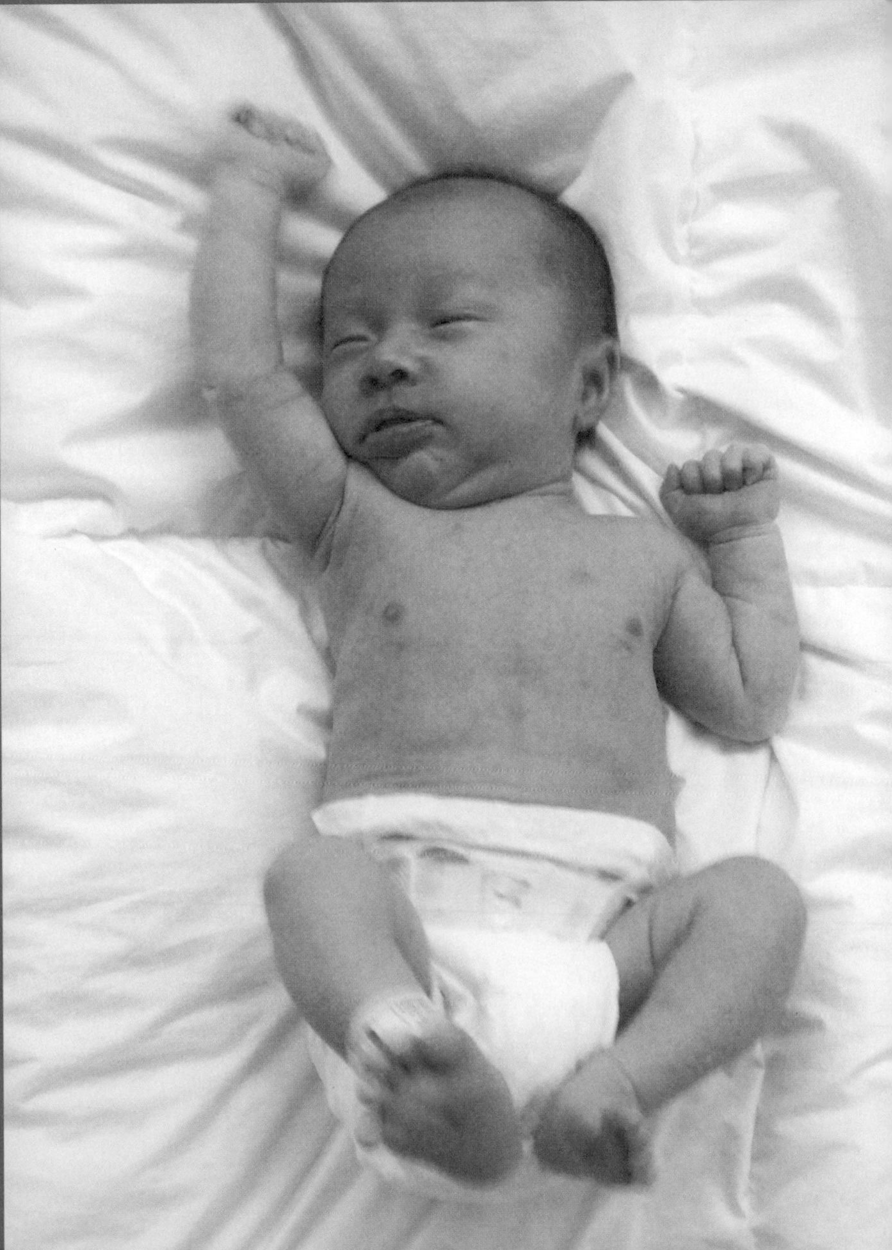

圖片提供／劉益廷

從出生到滿月前的寶寶，我們稱為新生兒。

從外觀來看，每個新生兒的五官都各有特色，他們的頭髮多寡也不太一樣。你可能會發現，他一哭鬧就滿臉通紅，皮膚一點也不像廣告中的寶寶般粉嫩平滑，膚色也常有變化，一冷就全身發紫，還常脫皮；有的新生兒在出生時皮膚還有著一層白色、像奶油般的東西，我們稱為胎兒皮脂（vernix caseosa），那是保護胎兒皮膚的皮膚細胞，具有抗菌的作用；有的新生兒在頭頂囟門的地方有著一層很厚的褐色硬痂，那是頭皮上過厚的胎脂，看起來既不衛生也不美觀；他的性器官和胸部還呈現又大又紅的狀態，這是因母體激素所造成的短暫情況；被剪掉的臍帶，則會逐漸變乾、變黑並縮小，大約十天左右就會自動脫落。

這個階段的寶寶不會說話，表達全靠聲音和動作，做父母的得靠「意會」和經驗來判斷寶寶的需求，很難嗎？其實也還好，如果能夠顧好寶寶「吃」和「喝」的問題，想養出個健康寶寶就不會太困難了。

新生兒的特色

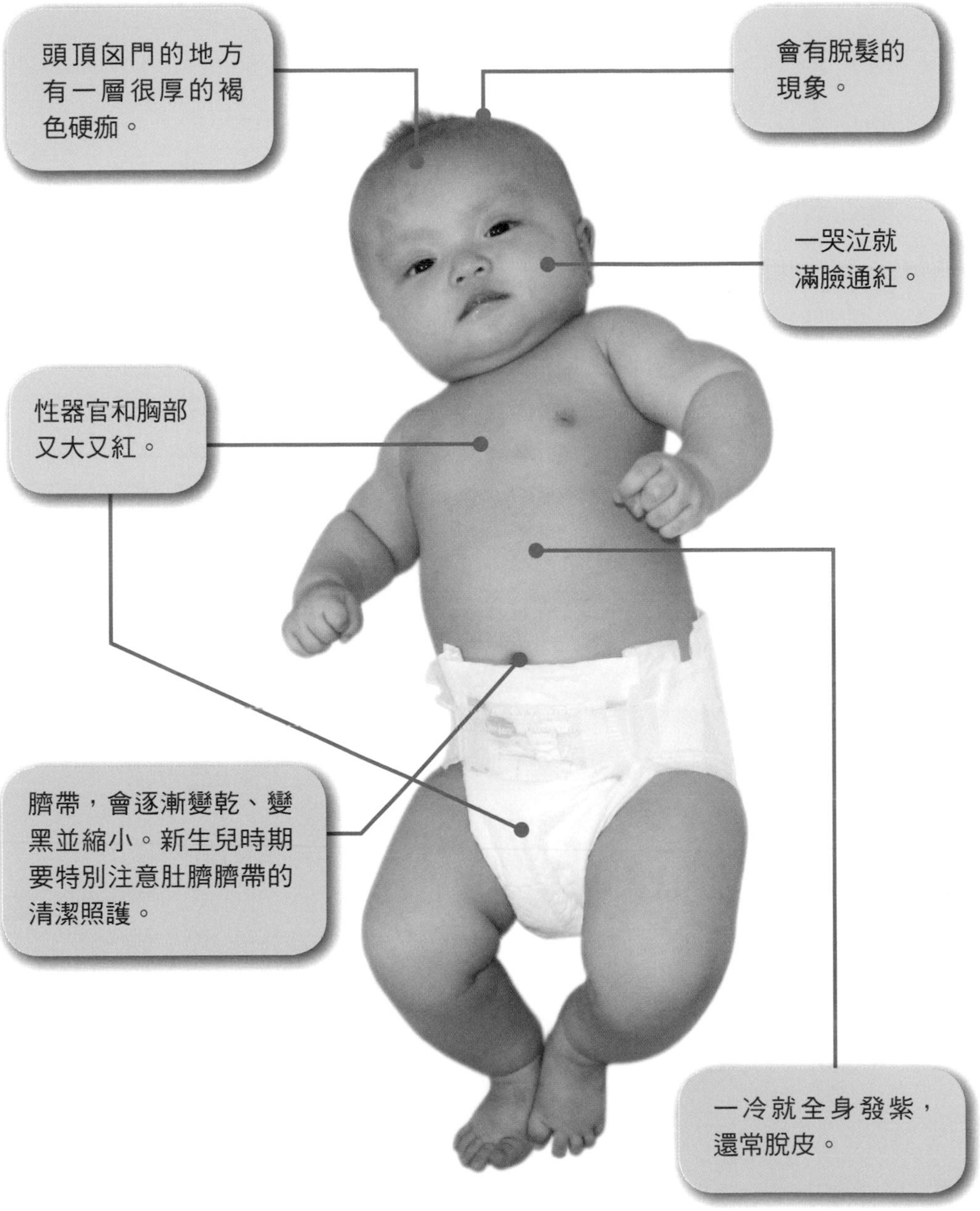
頭頂囟門的地方有一層很厚的褐色硬痂。
會有脫髮的現象。
一哭泣就滿臉通紅。
性器官和胸部又大又紅。
臍帶，會逐漸變乾、變黑並縮小。新生兒時期要特別注意肚臍臍帶的清潔照護。
一冷就全身發紫，還常脫皮。

圖片提供／劉益廷

照顧吃喝很重要

新生兒每天的睡眠時間約有十六至十八小時，而且總是睡睡醒醒，沒什麼規律，有時甚至看似醒了，但其實只是半夢半醒，大約要到一個月大之後，才會有二至三個小時的清醒時間。

無論他是不是清醒，你一定會發現，寶寶的嘴巴總吸個不停，吸吮手指、吸乳頭、吸奶嘴……因為吸東西就是他的本能。

有人說，對於只會吃和睡的新生兒，最要緊的就是要先照顧好他們的基本生理機能——「吃、喝、拉、撒、睡」。無法滿足他時，他就會哭鬧；讓他好好地睡，就會「一暝大一吋」了。不過對還不夠了解新生兒作息的新手爸媽來說，要照顧好他的吃喝拉撒睡可是一點都不簡單，有時候還會手忙腳亂，因為要搞懂新生兒到底有沒有吃飽，就會耗盡許多時間。

讓寶寶喝母乳

母乳是新生兒最理想食物，因為母乳具有安全、衛生、環保、容易消化和吸收的特性，還富含著新生兒所需的所有營養，並能預防各種敏感和疾病，而且也能增進親子關係，讓新生兒有安全感。母乳中富含兩百多種物質，除基本的營養素外，對於大腦及視網膜的發育尤其重要，另外母乳中的荷爾蒙、活細胞、酵素、免疫球蛋白等，則可保護新生兒健康而避免受到感染。另外，也有研究指出，在產後一個小時內所分泌的微黃母奶，所含的抗體最多，而這種初乳大約會持續分泌五天，因此如果媽媽的條件許可，請盡可能餵養母乳。

■要和大人的飲食時間相同

媽媽餵養新生兒的時間最好能調整到與大人的飲食時間相同，這樣除了可以讓新生兒提早養成良好的進食習慣，也有助媽媽的休息。

一般來說，媽媽在坐月子期間都很容易疲倦，如果能讓新生兒與媽媽的作息時間相同，媽媽也比較不累，但如果新生兒有晚上因肚子餓而哭鬧的情形，做媽媽的可千萬別心軟！以中醫的觀點而言，其實並不反對讓新生兒稍微餓一下，因為一旦讓新生兒學到只要一哭鬧就能得到他要的，這樣往後就很難建立好的習慣。

Tips

媽媽們可以從新生兒吸吮的狀況，和吃完後的活動力來判斷寶寶是否吃得足夠。一般來說，當寶寶不吸或是吸吮的頻率下降時，就表示他已經飽了，這時可以停止餵食。

POINT!!

當媽媽餵完新生兒後，也要注意乳頭的清潔狀況，只要在餵乳前後用清水或乾淨的布擦拭乾淨即可。

用正確的姿勢餵養

有些媽媽因為身材較瘦小，產後筋骨系統較弱，在產後可能會有一些筋骨疼痛，或是坐不住的狀況，因此新手媽媽在餵新生兒的時候，要特別注意腰部、手肘的保護，可以在腰部、手肘部墊東西，讓媽媽在餵食時能夠很順的靠著，以減輕腰部、手肘部肌肉的負擔。

爸媽盡量將新生兒橫抱在臂彎中，而三個月後就可以豎著抱了。不管何種抱姿，抱起、放下動作記得都要輕柔。

媽媽在餵養寶寶時，要特別注意腰部、手肘的保護，可以在自己的腰部、手肘部墊東西。

最自然的增加母乳法

媽媽可以在產後多補充一些如豬腳燉花生、魚湯類等可以豐乳、增加乳汁的食物。

當然中醫的一些補血的藥物，如十全大補湯、補血的湯類或可以通乳的「王不留行」。

媽媽在哺乳期所需要的營養較多，因此在餵母乳時，即使比平時多吃上一至二餐以增加營養，也未嘗不可以。

另外，在餵乳期間，媽媽應避免食用一些寒涼性蔬果，如瓜類、柳橙、柚子、橘子、柚子、梨子、奇異果、芒果等，以免影響到哺乳效果或乳汁分泌。同時也要注意，一些會抑制乳汁分泌的食物，如麥芽、浮小麥等，在寶寶還沒要斷乳前應避免食用。

此外，一些刺激性的食物或調味料，因容易透過乳汁讓寶寶吸入也應避免。

少量飲酒雖可促進乳汁分泌，但過量仍可能造成媽媽的乳汁減少分泌，並且會影響子宮收縮恢復。

POINT!!

母奶不夠，用別人的好嗎？

古代有所謂的奶媽，若新手媽媽的母乳不夠時，其實是可以用其他人的母乳，因為母乳的成分不會差太多。如果人類的母乳會差太多，那麼牛奶不就跟母乳相差更多了！所以用其他人的母乳，以中醫的觀點來說是還好，只有新生兒吃得習慣不習慣的問題而已。

增加母乳的藥方

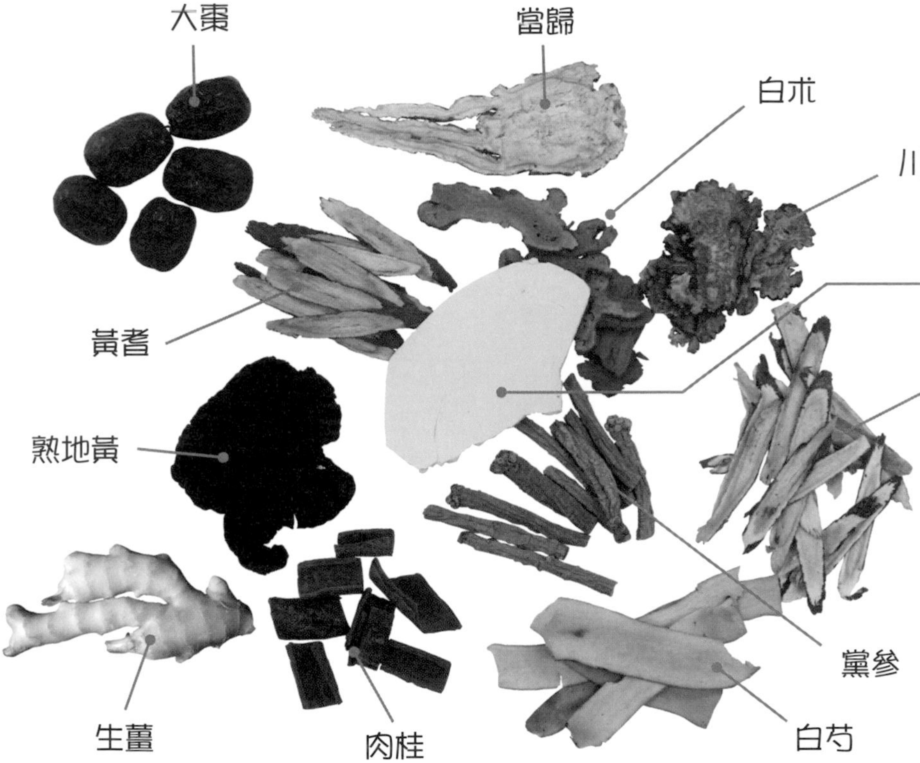

十全大補湯：溫補氣血，滋陰升陽，可以增強免疫功能並補血，因此適合產後調裡身體時飲用。

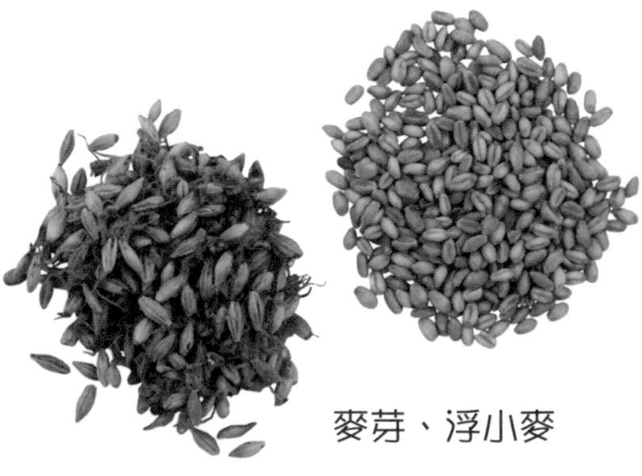

麥芽、浮小麥

王不留行

寶寶不習慣母乳怎麼辦？

新生兒若對母乳產生不適較常見的症狀是脹氣，而其他方面的不適與母乳的相關性較低，因為母乳中媽媽的去氧核醣核酸（DNA）與新生兒的去氧核醣核酸（DNA）是差不多的，因此因母乳餵養所引起新生兒的身體不適，照理說是不會發生的。

但如果在餵食母乳後，新生兒開始有不適的情況，最好還是先提早斷食母乳。

站在中醫的角度，只要新生兒吃得下，食量也正常，沒有什麼特別不舒服的情況，就不用過分擔心新生兒會不會不適應母乳，反而要特別注意，萬一母乳量減少，新生兒就得提早喝牛奶，到時可能就會發生乳糖不耐的症狀呢！

POINT!!

餵母乳時媽媽生病該怎麼辦？

如果媽媽的疾病只是比較輕微的病症，如感冒，而吃藥的時間是在一週內，其實是沒有多大的問題。但如果媽媽擔心藥物殘留，只要在吃藥的時間內不要餵母乳，至吃藥後的三至五天後再餵食即可。但在這個階段，媽媽還是要將母乳擠出來，因為一旦在刺激減少的情況下，母乳就會逐漸減少分泌。

若是媽媽在坐月子期間，也可以採用中藥來增強子宮縮復，例如：當歸、川芎、肉桂、黃耆、益母草等。這些藥材有些較容易上火，這時可改用藥膳形式，讓藥效濃度降低，以避免新生兒吃母奶時易上火，直接改以食物來調理，例如牛肉湯、雞湯、魚湯等就很理想。

有的中藥材會有退奶的效果，如麥芽，但也可能是因為某些原因致月經來了而退奶。因此若是媽媽要使用中藥材，最好還是先詢問過醫師較理想。

吐奶

如果新生兒有吐奶的情況，媽媽可以先觀察他吐奶量的多寡，如果是因新生兒喝完奶後，沒有把胃裡面的空氣排出而吐奶，這是正常的現象，只要協助新生兒將胃裡的空氣排出就能預防。

所以，媽媽在餵乳後，切記不要讓新生兒立即躺下，一定要先讓新生兒打完嗝再睡，以防吐奶的狀況發生。

而吐過奶的新生兒會有一段時間無法再進食，媽媽最好先觀察新生兒的反應，假使他有想要吃東西的反應時，再進行哺乳；若沒有，就不要勉強，可以等下一餐時間到後再進行哺乳。

配方奶的選擇與哺餵

雖然母乳是餵養新生兒最好的食物，但常因母乳不足，或偶因為新生兒過敏或其他因素而必須選用配方奶給新生兒使用。所謂的配方奶是以乳牛或其他動

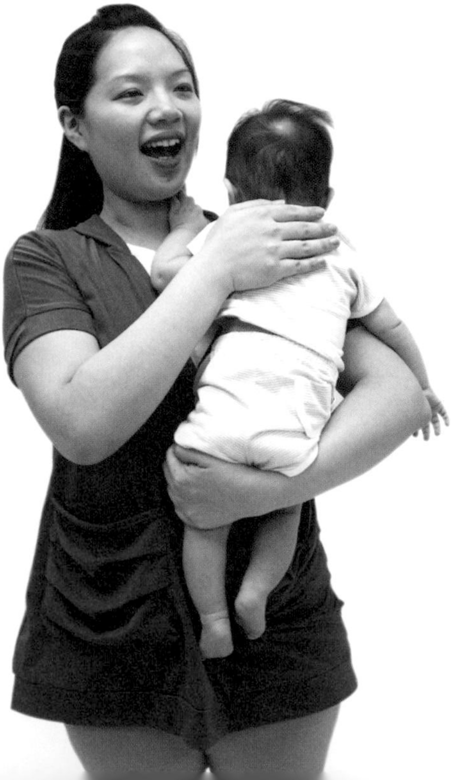

爸媽在拍新生兒打嗝時，記得要將新生兒的背打直，才能較順利地將嗝給拍出來。

物乳汁，或其他動植物提煉的奶粉，再搭配一些營養成分，這就是俗稱的嬰兒奶粉，可用來當作母乳的替代品。

爸媽在沖泡配方奶時，記得要先將雙手洗淨，調配配方奶的熱水溫度最好是四十至六十度。在沖泡前，仔細閱讀奶粉罐上的說明，以免沖泡的過稀或過濃。要給新生兒食用前，先噴些在手上，感覺一下溫度是否合適，以免燙傷新生兒的嘴巴。

■ 乳糖不耐症

因為配方牛奶是母奶的替代品，因此在選擇與哺餵上大致與母乳相同。只是需要觀察新生兒在使用奶粉時會不會有乳糖不耐症的狀況。

如果有乳糖不耐症的狀況，必須經西醫師、營養師的指示，改採不含乳糖的嬰兒配方奶，或部分水解奶粉（寶寶有輕度腹瀉的狀況）、完全水解奶粉（寶寶有嚴重腹瀉、過敏的狀況）、元素配方奶粉（寶寶有嚴重的慢性腹瀉、過敏的狀況），甚至早產兒也有早產兒專用的配方奶。

POINT!!

米乳或豆奶粉也是很好的替代品

如果新生兒有乳糖不適症，可餵食米乳或豆乳粉？就營養的角度來説是可以的，因為古代是沒有奶粉這個食品，因此中醫對新生兒飲用奶粉的原則就是吃得下、睡得著、排便排得出來、活動力還可以的話，那麼就沒什麼問題。至少寶寶吃多少就有多少的成長，不要越吃越瘦就好。

額外的水分需要嗎

要不要讓六個月以下的寶寶，尤其是新生兒額外喝水、或到底該給寶寶喝多少量的水？

到目前為止沒有定論，新生兒及嬰兒時期的腎臟發育尚未成熟，一旦喝太多水，腎臟無法盡快排出體內過多水分，就有可能導致「水中毒」。

有醫師認為，新生兒在出生的頭一週內，水分的需求量較多，而新生兒的水分攝取量和體重有關，由出生第一天的每公斤六十至七十ＣＣ，到以後每天每公斤增加十至二十ＣＣ，不過奶水中就有足夠的水分，而新生兒時期是否需要額外攝取水分，則沒有特別的規定。

寶寶每日的補水量＝寶寶每日的需水量 － 餵奶量

0～0.5 歲寶寶需水量（ml）：體重（kg）×173（ml）

Tips 選擇奶瓶、奶嘴的方法

過去市面上常見的奶瓶材質多為玻璃，因為玻璃瓶的化學成分較少，但是比較重，且不慎掉到地上容易摔破，因此媽媽可以視情況選擇。

奶嘴早期的產品大多是塑膠、矽膠類，而最近則大多提倡使用矽膠產品較好，這是因為矽膠材質的奶嘴口感好、毒素也比較少，矽膠的奶嘴顏色大多是白的（現在也有一些彩色的），爸媽在選擇奶嘴材質時一定要注意奶嘴的安全性，因為奶嘴在經過高溫殺菌後的變化是無法預期的。

正確的餵食程序

❶ 在鍋子中加入適量的水。

❷ 將奶瓶放入鍋中煮沸。

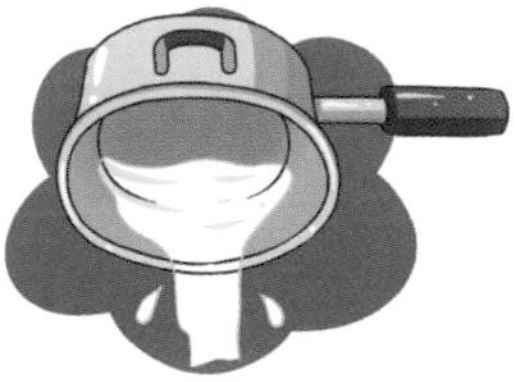

❸ 將奶瓶取出，並將煮過奶瓶的水倒掉。

❹ 餵奶前，先將手清洗乾淨。

❺ 消毒過的奶瓶沖入溫水。

❻ 用適當的奶粉量泡奶。

❼ 在餵奶前，先用手測試奶水溫度。

❽ 新生兒喝完奶水後，立刻將奶瓶沖洗乾淨。

奶嘴的更換，靠著是爸媽摸奶嘴的感覺，如果感覺硬化了就應該換了。再來就是奶嘴孔的大小，太大、太小都不好，這要看新生兒的吸吮量來調整；奶嘴孔的形狀也有不同，有圓點的、也有十字的，要怎麼選擇就要憑經驗了，因為每一個新生兒的狀況不同，而只能講原則，就是能在適當時間內讓新生兒喝完適當的奶量，且喝吮的過程順暢即可。

不管奶瓶、奶嘴，使用過後都要清洗消毒。當然消毒時要經過高溫高壓煮過，煮的時間一結束，就把鍋蓋打開晾乾，不要一直悶在鍋中。

沖泡奶粉的七個步驟

❺ 搖晃奶瓶，將奶水搖晃均勻。

❹ 在適當的水溫中，將奶粉放入。

❶ 準備奶粉。

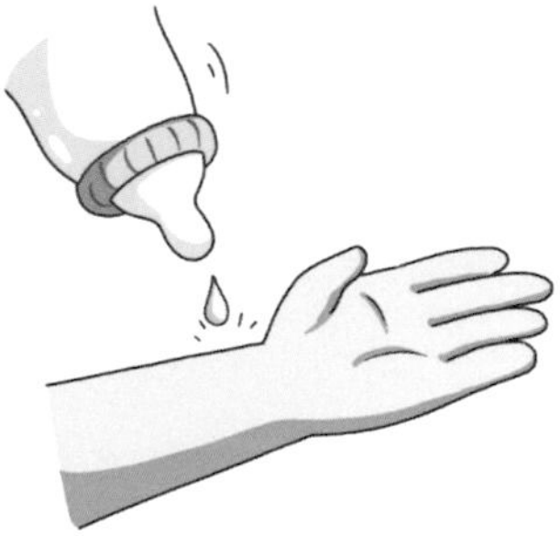

❻ 爸媽先用手測試水溫。

❷ 計算適當的水量。

❼ 水溫若過高，應隔水降溫。

❸ 量奶粉時要平匙，分量才會準確。

排便是新生兒的大大事

排便對一般人來說，可是「人生大事」，吃了就得拉，如果拉太多或拉不出來，都不是什麼好事。對新生兒來說，排便更是大事中的大事，不論是便便的形狀或次數，都透露著他的健康狀態，拉得太多或太少，拉得太硬或太稀，甚至紙尿褲太鬆或太緊，導致他的屁股不舒服，他都會使盡吃奶的力氣哭鬧，所以新手爸媽千萬別輕忽了把屎把尿的黃金時間，好好觀察，絕對可以讓你事半功倍的。

寶寶的便便也是一門學問

一般來說，吃母乳的新生兒，大便顏色大多金黃、散開來未成形、顆粒細小；吃配方奶的新生兒，大便較易成形、成條，顏色也和廠商的配方有關，如果吃含鐵較多的配方奶，大便的顏色較綠。

如果新生兒的便便過程、顏色、形狀、量突然改變，可能是因疾病所導致，這時就要趕快追根究底，才不會延誤就醫時間。

因為新手爸媽都會用紙尿布來包著新生兒的屁股，所以在換尿布時，也可透過按壓尿布來檢查新生兒的大便是否太硬或太軟。

新生兒的口、胃、大腸反射較快，有時上面嘴巴在吃奶，下面腸子已經開始蠕動，常常是一面吃奶，一面解便，而且便便中還伴隨著大量的水分。如果沒有立刻清洗，很容易導致他紅屁股。

■為新生兒選好紙尿褲和尿布

選擇適合新生兒的紙尿褲和尿布都要先經過試驗，才知道哪一種比較適合，當然絕大多數紙尿褲包裝上都有建議幾公斤以下的用哪個型號，因此在購買前可先看看紙尿褲的外包裝，是否有註明「新生兒」使用。

一般來說，新生兒專用的紙尿褲尺寸較小，但新生兒成長的速度因人而異，最好不要大量囤積，適量購買即可，以免有些新生兒成長較快，很快就包不住屁股了。

如果第一次購買不知道要選購何種品牌，爸媽也可以選用廣告試用包、或先購買小包裝試用，或在閒聊時問問親戚、街坊鄰居的使用心得，例如會不會導致寶寶哭鬧、煩躁、紅疹等問題，經過打聽試用後再選定品牌。試用時，應觀察新生兒包著紙尿褲後，會不會不舒服？有沒有漏尿的狀況等。

換尿布時，新手爸媽可以在新生兒大便後，幫他在肛門附近擦點不太油的乳液或凡士林。但若發現紙尿褲、尿布或乳液等物品，會造成新生兒皮膚過敏起紅點就一定要立刻更換。

臀紅（尿布疹）

會發生尿布疹是因包尿布時腰部束著鬆緊帶不容易通風。如果大小便後沒有馬上處理，長時間悶著尿液或大便，或是尿量太多，溢出來沒有馬上換，都會使新生兒的皮膚泡在尿屎中而造成皮膚過敏發炎的現象，因此要注意排除悶濕的狀況；而另一方面，尿布疹也可能是因為體質所引起的。

當新生兒發生尿布疹時，若較不嚴重，可以用乳液或藥物塗抹，但最好讓新生兒穿著寬鬆的衣物，避免悶著或是尿布腰帶不要束太緊，以防壓迫著皮膚造成接觸性的刺激，也可以適當地塗抹凡士林或塗抹薄薄的中藥紫雲膏。

但若新生兒的屁股皮膚已起紅點，有皮膚過敏或發炎的症狀時，可以使用中、西醫的外用藥物，待過敏或發炎的狀況解除，就可用比較溫和的痱子粉或藥膏。

坊間藥房的中藥痱子粉藥物屬性較清涼，適度適量地敷在新生兒的小屁股上可以讓新生兒較舒服，但不宜過度使用。

另外，爸媽也可自己動手做做看：在幫新生兒洗澡時，用適量的新鮮薄荷葉泡入澡盆，讓新生兒浸一浸，這也可以改善他的皮膚的狀況。

新生兒尿布疹時，中醫通常也會建議採內服的方法來改善症狀：以玉米鬚水、蓮子薏仁煮水也可以，但如果導致新生兒容易咳嗽，就煮白木耳蓮子湯，並濾掉藥材給他喝一些；如果新生兒是因身體燥熱而引起的，則改以綠豆湯（僅喝湯）來退火。

尿布疹比較明顯時，也可外用藥浴方式來改善，例如用新鮮薄荷葉、菊花、金銀花放入澡盆浸洗新生兒的小屁股。

若新生兒的症狀經上述方式調理、浸泡沒有改善，是屬於比較嚴重的，還是請爸媽詢問中醫師或西醫師吧！

改善尿布疹的藥浴

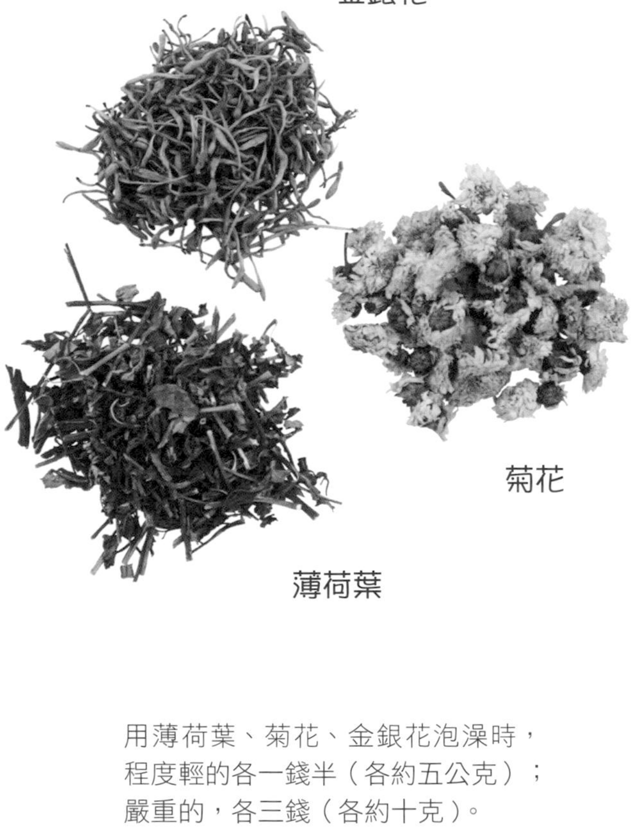

用薄荷葉、菊花、金銀花泡澡時，
程度輕的各一錢半（各約五公克）；
嚴重的，各三錢（各約十克）。

幫新生兒洗澎澎

照顧好新生兒「吃喝拉撒睡」的人生大事後，新手父母還會碰到另一個難題，那就是洗澡和穿衣了。因為新生兒的骨骼發育還不完全，囟門也沒閉合，全身軟綿綿的，光是調整抱新生兒的手勢，就讓許多父母吃足了苦頭，更別說抱著軟綿綿的他去洗澡了。怎麼讓他舒服的洗澡，使他穿得暖又不會悶著他，洗澡前後要觀察哪些重點，而如何在洗澡後施予按摩，增進親子互動與感情交流……這每樣都馬虎不得。

洗澡

爸媽可能從醫院的媽媽教室、各種媒體或長輩口中，得知洗澡的流程與要點，其實只要多加練習，很快就能上手的。不過在替新生兒洗澡還要特別注意要注意的地方。

❶ 盡量選在每天早上十點到下午三點之間，最溫暖的時間洗澡。

❷ 水溫和室溫最好保持恆定，燈光勿太強，水溫攝氏三十八度左右，室溫應在攝氏二十四至三十度之間（冬天可預先使用電熱器），夏天的水溫可以低一點，大約三十幾度，感覺溫熱即可，冬天的話要攝氏三十七到三十八度。如果用恆溫的那一種，就是手放下去會熱，但不會燙的溫度，以一般來說就是攝氏三十五至三十八度，再燙一點就到攝氏四十度，即

如何幫寶寶洗澡？

❶ 將新生兒泡入水中，讓他適應水溫。

❷ 在新生兒身上鋪上毛巾，一手枕著他的脖子，讓他有安全感。

❸ 等新生兒適應在水中活動後，開始清洗他的正面。

❹ 讓新生兒翻過來，用一手撐住他的胸部，繼續清洗背面。

為泡溫泉的溫度，這對新生兒來說就太燙了。

❸洗澡時間盡量選在餵奶前，避免餵奶後，免得因翻動等動作而使得新生兒吐奶。

❹動作盡量輕柔，洗澡時間也不宜過常，大約十分鐘內結束。

❺洗澡時，避免讓水進入耳、鼻、眼。而耳朵的清潔因怕刺傷造成傷害，所以只要用紙去擦乾即可。新生兒的嘴巴如果喝到水，要幫他拍一拍，讓他把水咳出來，皮膚皺褶處，如耳後、頸部、腋下、大腿內側等必須特別翻開清理，生殖器或排尿、排便處一定要做好清潔。洗澡後則記得將上述的這些地方擦乾。

❻頭髮一定要擦乾，洗頭會導致散熱而帶走較多熱量，尤其是冬天，如果沒有擦乾怕會著涼。

❼另外特別要注意的是，在新生兒臍帶脫落前，洗澡時不要讓他的肚臍受到感染，洗澡後用百分之七十五的酒精消毒，用百分之九十五的酒精乾燥。如果有異味、泛紅、分泌物的狀況，最好送醫檢查。

穿衣

洗澡動線要事先規劃，有的媽媽比較會緊張害怕，有時候因為太過匆忙容易跌倒，最好事先準備，在洗澡前把新生兒的衣服先攤好，套好，盡量避免讓寶寶的身體在冷空氣中暴露太久，也要趕快把水分擦乾。另外要注意，浴巾如果放在烘箱或電熱器上，要小心溫度過高的問題，因為對大人來說，溫度高一點也沒關係，但對寶寶來說，那樣的溫度恐怕太高了。

幫寶寶穿兔裝

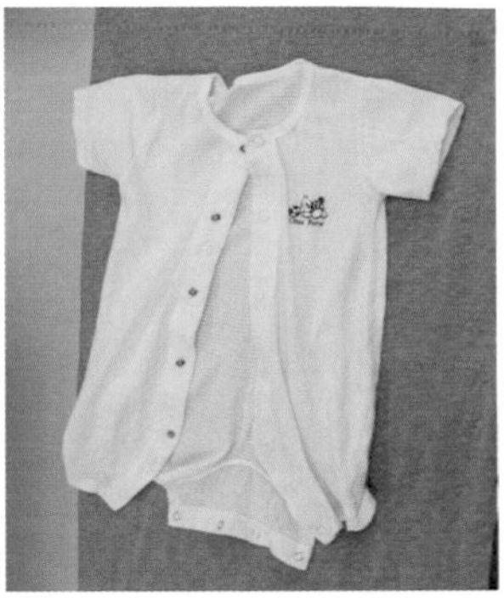

❶ 衣服攤平並打開。

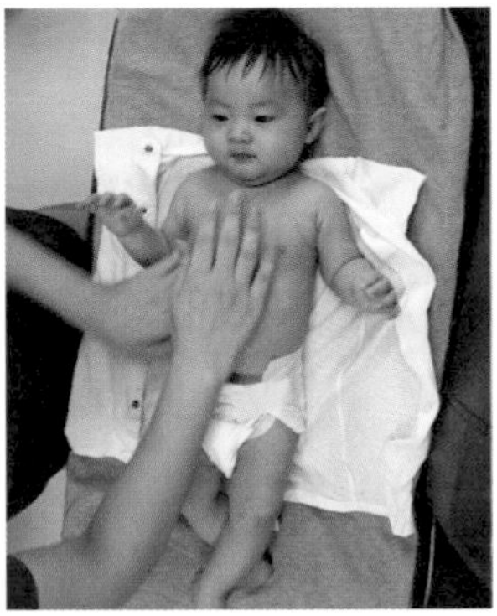

❷ 將寶寶平放在衣服上。

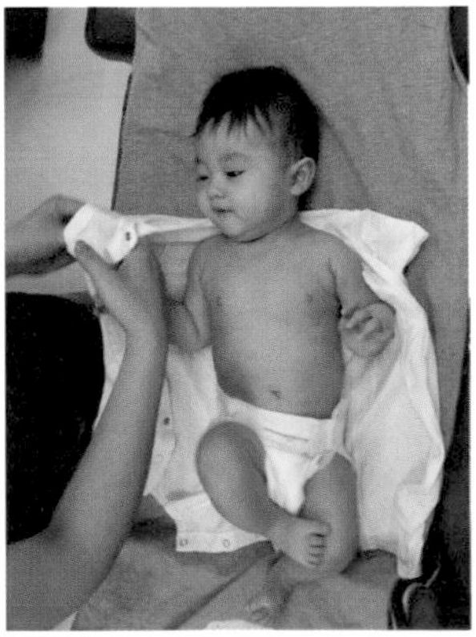

❸ 先穿一手。

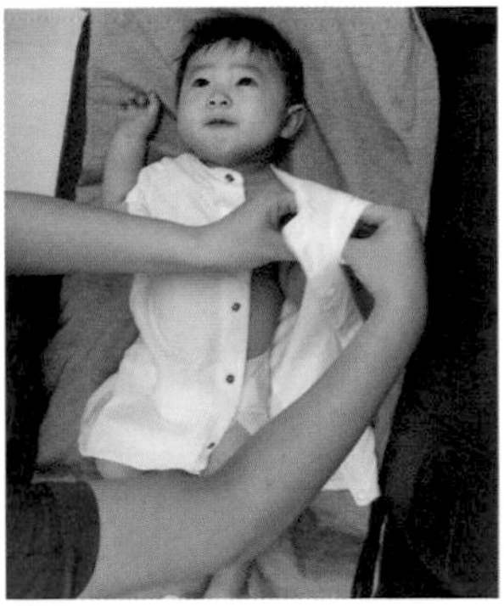

❹ 再穿一手。

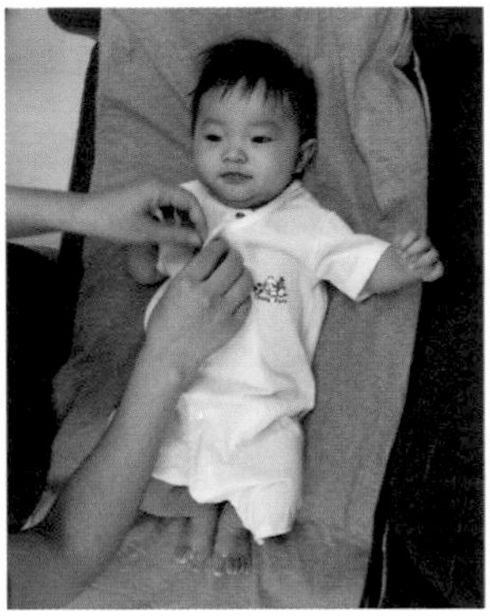

❺ 扣好兔裝前襟的扣子。

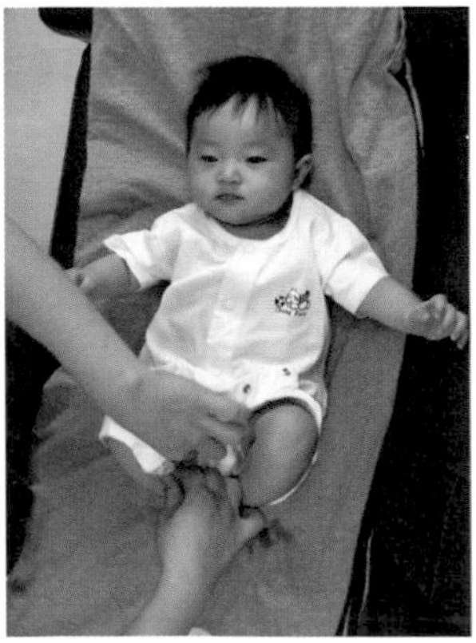

❻ 扣好兔裝下排的扣子。

解決新生兒的常見問題

新生兒最常見的問題不外是胎毒、黃疸、頭皮乳痂、脹氣及便祕等，這些看起來大不大小不小的問題，經常卻是困擾父母最大的問題，這該怎麼解決？它們到底是不是病呢？如果不管它，會不會怎麼樣？

相信許多父母都有過這樣的問題，當你遇上了，請先別緊張！接下來的說明，一定能讓你鬆一口氣，輕鬆地面對寶寶的問題。

是過敏還是胎毒？

爸媽在幫新生兒穿衣服時，可能會發現新生兒的皮膚有紅點，這紅點到底是胎毒還是過敏呢？

以中醫的角度來講，胎毒是新生兒的，而不是媽媽的，因為新生兒生出來時嘴巴裡面可能會有一些羊水，羊水當中則有一些代謝物會在新生兒的身體中循環。以中醫的理論來說，有些胎毒會存在腸道中，所以新生兒一定會有胎毒，但胎毒需要立即「解」

Tips　解胎毒：黃蓮甘草水

黃蓮、甘草各一錢，以 300C.C. 的水煮開，新生兒一次約喝 100C.C. 左右，以新生兒能喝進的量為準，不用勉強一定要喝足 100C.C.。

嗎？有一部分的中醫認為，胎毒會隨著寶寶的成長而代謝，所以不用過度緊張。

以我個人經驗來說，我家大女兒比較敏感，喝了一口黃蓮甘草水就不喝了，但小女兒就比較沒那麼敏感，多喝了好幾口。除非有很嚴重的胎毒，才需要一百CC都灌完，但這種狀況很少見。

不過在此先建議新手爸媽，餵黃蓮甘草水的奶嘴會留餘味，所以新生兒可能會從此以後都很討厭那個奶嘴，所以最好把餵喝黃蓮水的奶嘴換掉，以免他日後因討厭奶嘴而造成不正常飲食。

皮膚黃，就是黃疸嗎？

爸媽在幫新生兒穿衣時，可能會發現新生兒的皮膚黃黃的，這是因為新生兒的紅血球數量比成人多，而紅血球代謝廢物較多，同時肝臟還不成熟，導致膽紅素較不易排出，而使新生兒有先天性的「生理性黃疸」；有的新生兒出生時並沒有黃疸，而是過幾天才出現黃疸的問題。

不過新生兒的生理性黃疸，是因為他的成長變化較大，有的經過

Tips　治黃疸：茵陳五苓湯

白朮一錢，茯苓一錢，豬苓一錢，澤瀉一錢，桂枝一錢，茵陳一錢。（以上為新生兒的建議劑量）煮300C.C.來幫寶寶排除黃疸的現象，喝多少算多少，不用強逼新生兒一定要喝完300C.C.

照燈後，只要不讓新生兒太累、太餓，就可以得到改善。但如果是「病理性黃疸」，也就是說，過了新生兒的階段還會出現黃疸，這就可能是寶寶有血液方面的疾病、肝臟疾病或受到感染使肝功能降低的問題，那就得就醫診治了。一般來說，黃疸指數大於十五，要特別小心照顧，要不然可能會造成寶質的肝膽功能損傷，進而使體質變差。

中醫對黃疸的治療，通常會以黃連甘草水一錢（即三克）或茵陳五苓湯來治療，或是先給西醫診治也可以，待症狀控制改善後，再用中藥調理。

頭皮乳痂

爸媽在幫新生兒洗澡穿衣時，可能會發現新生兒的頭頂囟門上，有一層很厚的褐色硬痂，那就是頭皮乳痂，因為新生兒的皮膚代謝期是二十八天，大多在一個月內就會脫落，但如果是疾病引起的頭

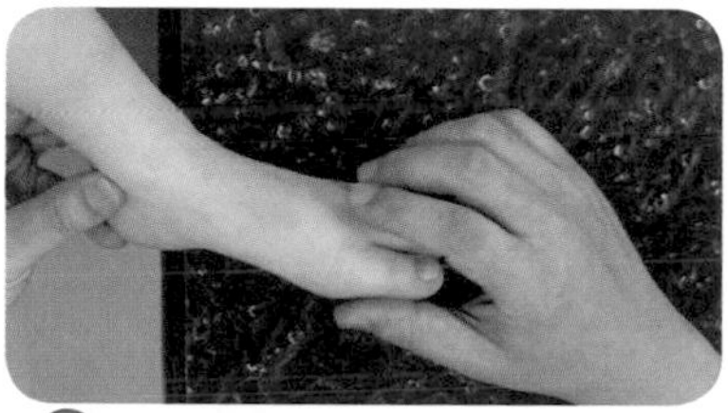
1 太溪穴。

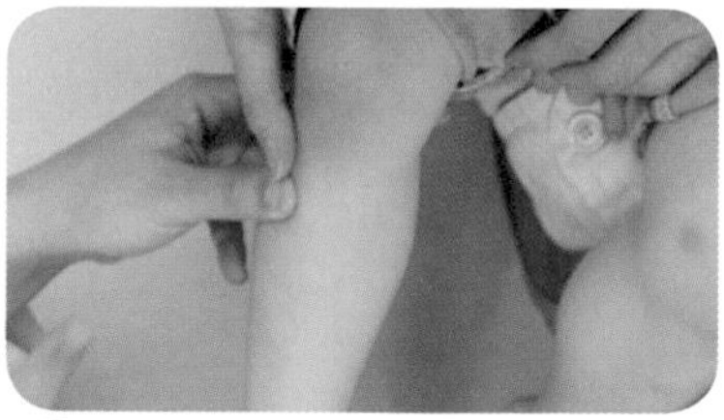
2 足三里穴，小腿外側肌肉靠近膝關節。

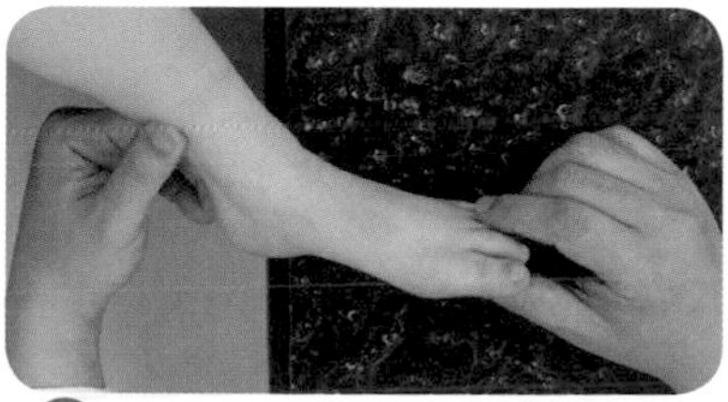
3 三陰交穴。

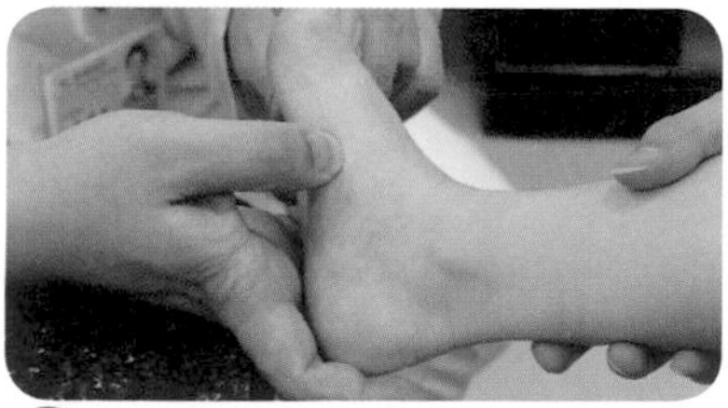
4 足底按摩的適當部位，約在大趾後的第一蹠骨內下緣。

皮乳痂，就必須另外就醫，經過醫囑後使用藥物治療。

中醫通常會按摩足三里、三陰交、太溪等穴位來改善頭皮乳痂的問題。爸媽可以趁洗澡時，用毛巾、手帕以清水擦擦新生兒的頭皮，幫新生兒護理頭皮乳痂，不過因為新生兒的囟門骨頭尚未完全密合，施力時要注意，不可太用力壓新生兒的頭皮。

針對脹氣或便祕的按摩

如果新生兒容易脹氣，可以在新生兒洗完澡後，用手塗抹少許無刺激性的按摩油，在新生兒的腹部繞個幾圈進行按摩，因為蠕動刺激可以讓他的排便較為順暢，比較不會脹氣。

新手爸媽在幫新生兒按摩之前，記得把手弄乾淨、指甲剪平弄乾淨，按摩時力道不要太大，不要讓寶寶感到痛。

如果是便祕，可以幫他按摩腰椎兩側部位、足三里、胃經的部位及肚臍四周，但按摩時間不宜太久，只要在單一穴位左右腳反覆按摩約按三十秒就夠了。

編注：文中所開藥方，請確實詢問過中醫師後使用。

脹氣或便祕的按摩

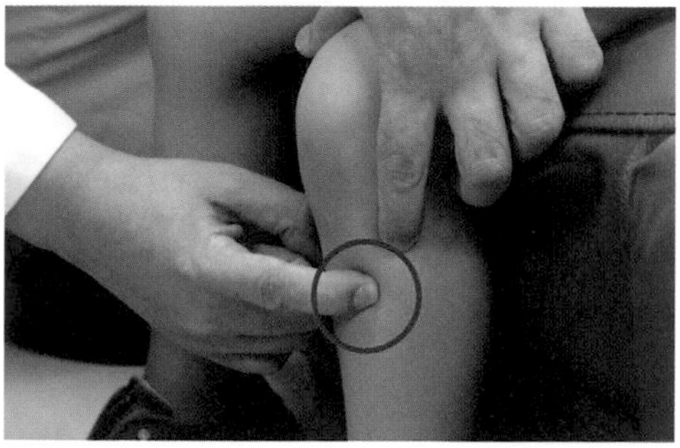

❶ 先按兩腳的足三里穴。

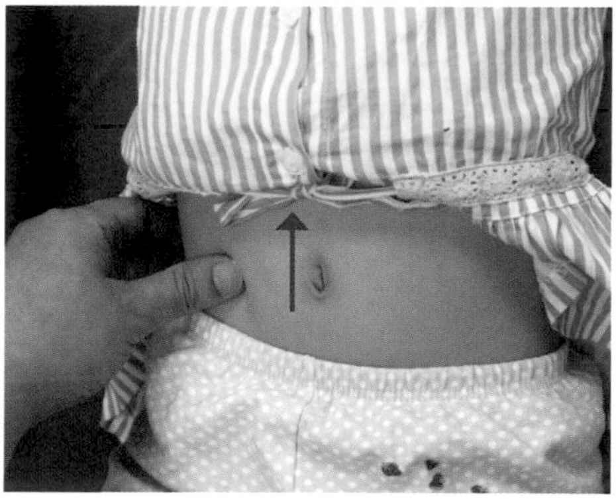

❷ 沿右側腹部的升結腸（由下而上）處開始揉按。

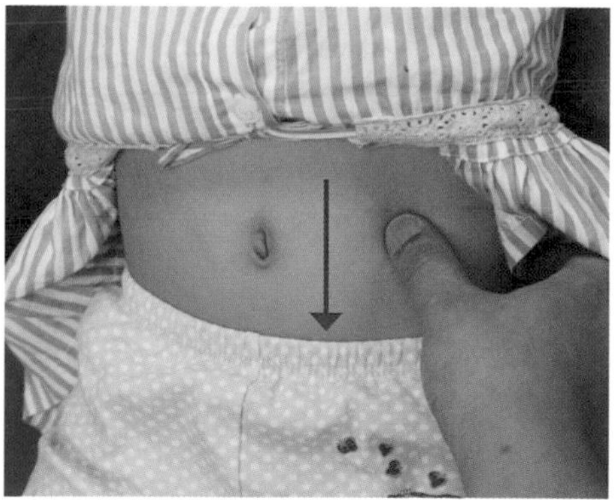

❸ 沿左側腹部的降結腸（由上而下），輕輕揉按三回。

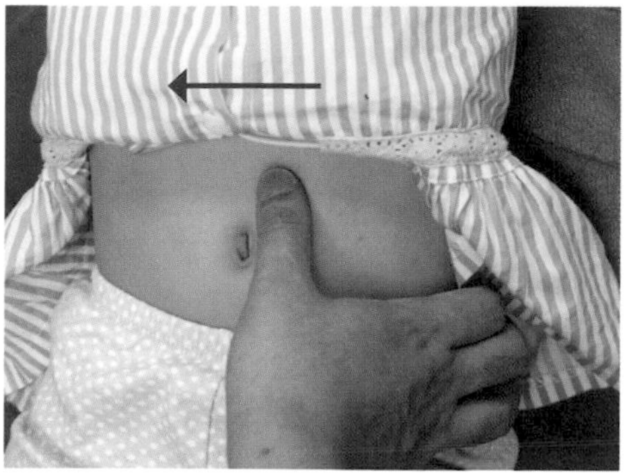

❹ 臍上的橫結腸（由右向左）由肚臍上的橫結腸開始，由右向左揉按。

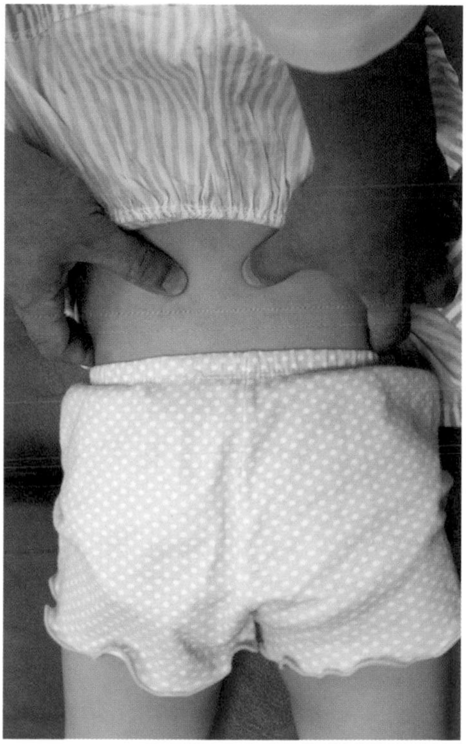

❺ 讓小朋友趴著，按揉下背部脊椎兩側的穴位，按揉力量記得要輕柔。

2

滿月後的寶寶吹風大，吃喝拉撒睡都關注

滿月後至六個月前的照顧

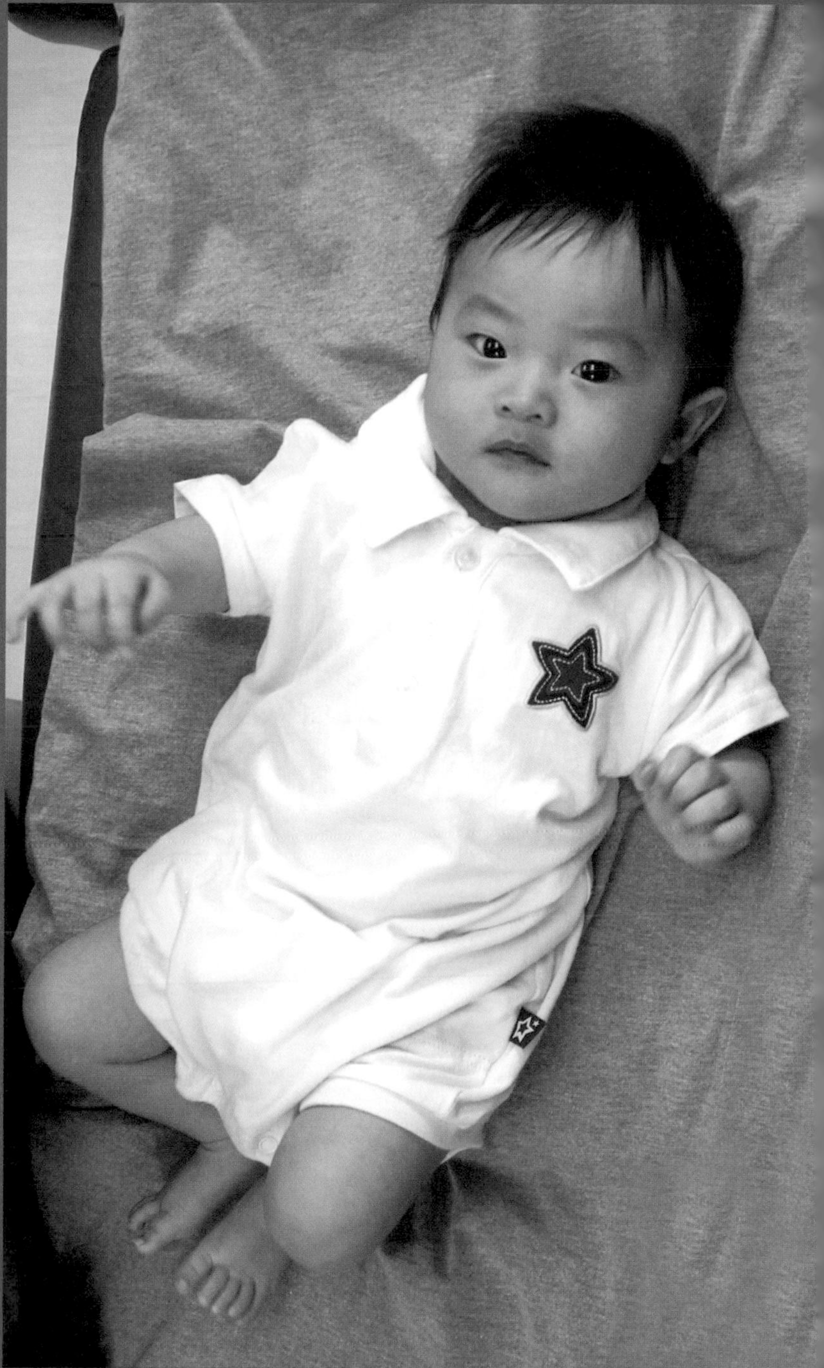

滿月之後，進入一至六個月的寶寶，成長速度就像變魔術一樣的飛快，這時期的寶寶，吸吮動作比新生兒時期熟練許多，吃得多，體重也比剛出生的時候多，個子也長高了不少，不過每個寶寶的生長速度都不一樣，只要符合《兒童健康手冊》內附的生長體重曲線表，不低於或不高於正常數值的兩格，都屬於正常範圍。

■滿月寶寶

特性：睡眠多於活動，睡眠大約十四至十六小時。

皮膚：光亮、白嫩。

■兩個月寶寶

特性：最愛啜拳頭，常常緊握拳頭，偶爾也會鬆開。

■三個月寶寶

特性：對聲音開始感到興趣，只要在他身邊發出聲音，叫他的名字，他會隨著你的臉和聲音移動，有時候寶寶也會發出「啊」、「哦」、「噢」等的聲音，好像想要跟大人對話。

皮膚：越來越細緻。

※這時候的寶寶趴著時，開始會用力抬頭。

女孩年齡別身長／身高圖
出生至5歲的百分位

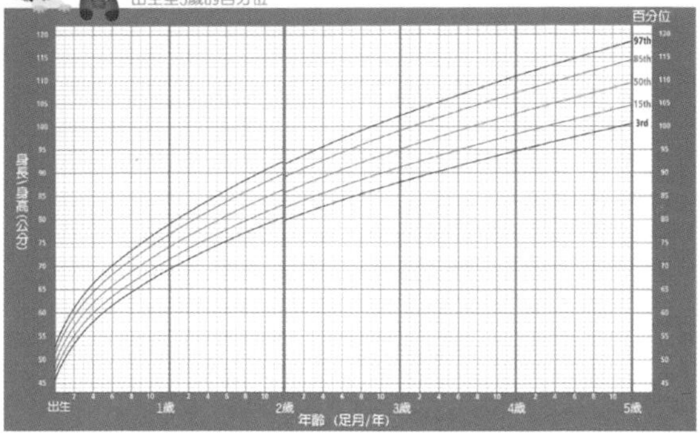

男孩年齡別身長／身高圖
出生至5歲的百分位

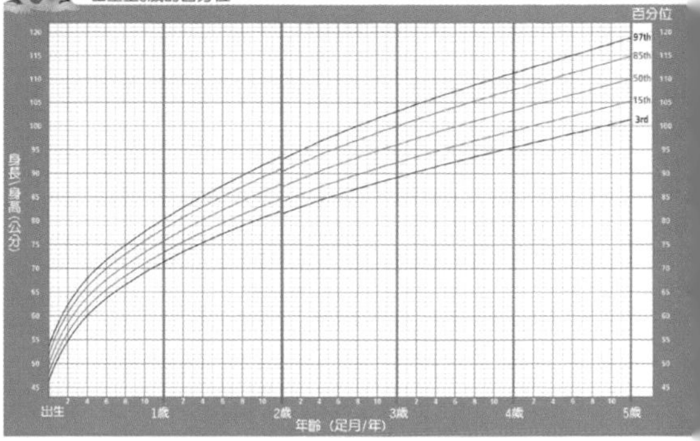

女孩年齡別體重圖
出生至5歲的百分位

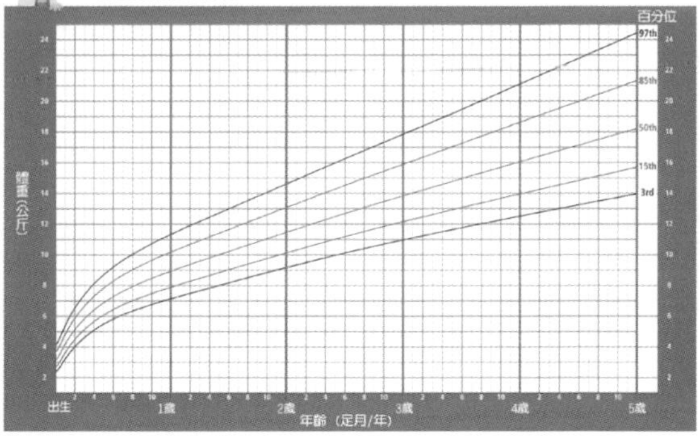

男孩年齡別體重圖
出生至5歲的百分位

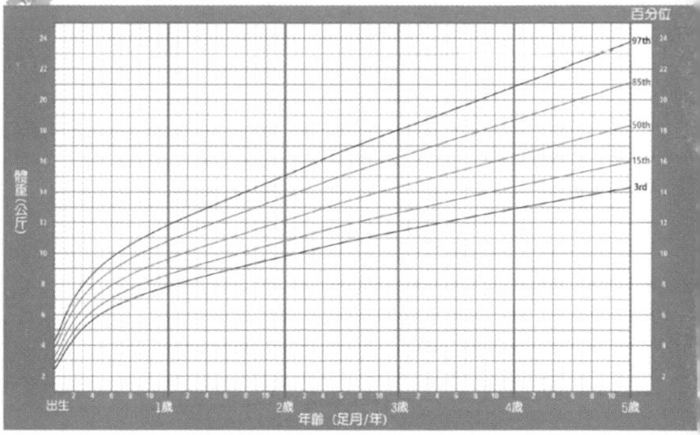

女孩年齡別頭圍圖
出生至5歲的百分位

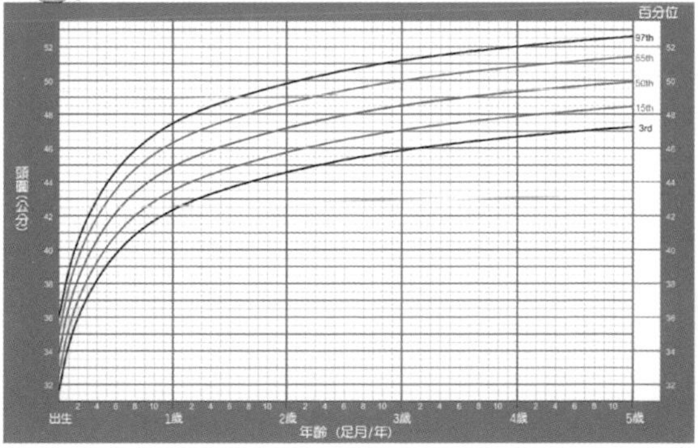

資料來源：世界衛生組織 兒童生長標

男孩年齡別頭圍圖
出生至5歲的百分位

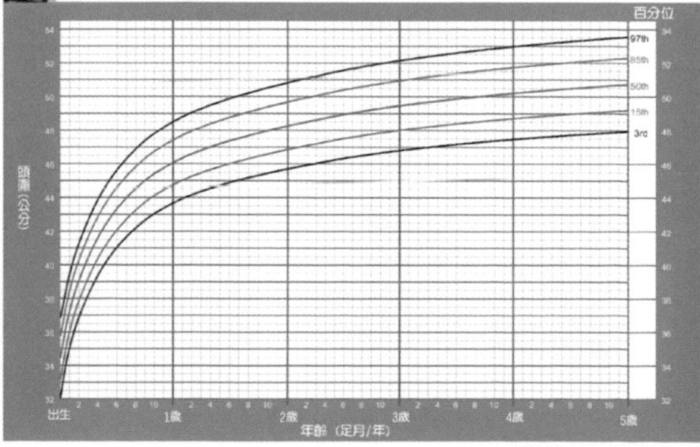

資料來源：世界衛生組織 兒童生長標準

衛生福利部國民健康署印製的《兒童健康手冊》之男孩年齡別之身高與體重圖，和女孩年齡別之身高與體重圖，可作為父母評斷寶寶身高體重發展的重要依據。

■ 四個月寶寶

特性：進入「厭奶期」，突然變得不愛喝奶，據推測可能是因為有的寶寶從出生開始，每天都喝同一種食物，開始感到厭煩，有的則是因為體力越來越好，能吸引他的東西越來越多，使他對外界也越來越好奇，導致吃奶時不專心，不管原因為何，只要不是因為疾病因素導致的厭奶，都不用太過擔心。

※這時寶寶開始學著翻身，手也愈來愈有力，能緊抓著衣服、被子不放。趴著時，會伸直腿並可輕輕抬起屁股。

■ 五、六個月寶寶

特性：寶寶的手愈來愈有力，喜歡拿東西搖晃、敲打，翻身也愈來愈熟練，偶爾還能坐著。到了六個月左右，寶寶幾乎都能認生了，如果有陌生人要抱他，他可不一定會乖乖依從喔！

Tips

如果有出現發燒、嘔吐、腹痛、腹瀉、腹脹的狀況，就應儘速送醫診治。

這個時期爸媽最好在床邊做好防護措施，免得寶寶一不小心就從床上掉了下來。

照顧寶寶吃、喝、拉、撒、睡，輕忽不得

寶寶逐漸長大了，也慢慢開始想要表達「意見」了！

剛滿月的寶寶會照著爸媽的餵養原則乖乖喝奶，但是到了四個月左右，他可就不一定會乖乖聽命了，寶寶可能會厭奶，身高、體重也不像前三個月那樣快速生長，甚至出現停滯的狀態。

這時，為了增加他的食慾，爸媽可以試著開始準備一些副食品讓他嚐鮮，而餵奶時間也應該規律。一般來說，白天時段以兩個半至三個小時餵一次為原則，到了晚上則盡量拉長時間，讓寶寶趕快適應大人「日出而做，日落而息」的生活步調。

寶寶開始吃副食品囉

餵養寶寶副食品，可在的三至四個月的時候進行，剛開始可以選擇一些市面上的產品，但要注意食品的有效期限，並且適量就好。

這時候的寶寶還沒有長牙，應從液態的食物（果汁、菜汁、米湯……），慢慢轉變成半固態食物（稀飯、米麥粉糊、菜泥……），也可以自己動手做顧胃的生薑稀飯。作法很簡單，把生薑剁碎，酌加些許鹽巴，熬煮成不稠的生薑稀飯就很好，米奶或其他種類的稀飯，例如南瓜稀飯（台語稱金瓜粥）、吻仔魚稀飯等也是不錯的選擇。不過，一開始我不建議餵寶寶喝雞湯、大骨頭湯，

因為油膩的湯水或食物，寶寶的腸胃比較不容易吸收，反而會造成腸胃損傷。

等到寶寶慢慢適應副食品後，再增加水果泥等其他類型的食物。至於分量，剛開始不要給太多，先給他一點點試試，因為他如果肚子餓、吃不夠，他會再找食物。如果他再要，下次就可以用那個量給他，進而找出適合他的量。調整的原則就是賞而勿罰，也不要突然過量，以免增加寶寶腸胃負擔。

出現這些症狀，寶寶是生病了嗎？

隨著把屎把尿的經驗變多，爸媽對觀察寶寶的便便、尿尿狀況，也愈來愈有心得了！如果有腹瀉、便祕、脹氣、嘔吐的狀況，而非生病感冒的情況，可以考慮這一章所提供的方法因應。

■ 腹瀉

這個階段，造成寶寶腹瀉的原因大多是因為換奶粉。有些寶寶的腸胃只能適應某個特定廠牌的奶粉，否則就會因適應不良而造成腹瀉，這極有可能是乳糖不耐症。這時，爸媽應該要立刻把奶粉換掉，但如果只是胃口不適應，則可以把牛奶泡稀一點，千萬不要勉強寶寶要吃到一定的量，不妨讓他的腸胃休息一下，等較適應了，寶寶自然就會回復到原來的食量。

■ 便祕

寶寶怎麼樣才算便祕呢？

❶ 大便次數減少，間隔時間過長（例如三天才便一次，擠了十分鐘才排出來）。

❷ 便便太硬、太乾，排出時造成寶寶肛門疼痛甚至出血。

如果符合以上的兩個項目，就算是便祕了。有些喝母奶的寶寶雖然間隔時間久，但便便如果不是很硬，也不算是真的便祕。

一般來說，喝配方奶的寶寶比喝母奶的寶寶容易發生便祕的情形。假使配方奶泡的過濃，或寶寶喝下的奶量過多，會使寶寶攝取過多的蛋白質，就可能導致寶寶便祕。

果寶寶只是輕微的便祕，爸媽可以幫他按摩緩解便祕情況的穴位，例如：肚臍兩側的天樞穴，手臂近腕的內關穴，小腿前側的足三里，

POINT!!

寶寶在腹瀉治療之後，不用急著給寶寶食物，不妨等寶寶哭的時候，再沖泡濃度較淡的奶粉給他喝，假使寶寶喝不完，也不要勉強寶寶喝完，最重要的是，沒喝完的奶，可別留到下一餐再給寶寶，留點時間給寶寶的腸胃做適應，才是上上之策。

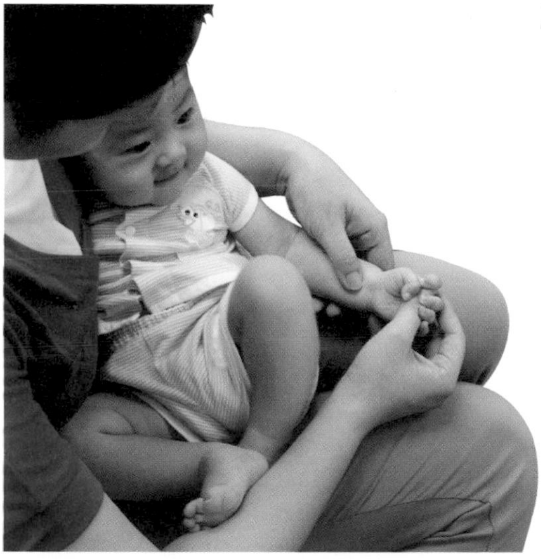

寶寶便祕可以按壓手臂近腕的內關穴，也就是手腕橫紋往上約三指（寶寶的手指）的地方。可先將寶寶的腕橫紋與肘橫紋分五等份，在手腕橫紋往上約五分之一的地方。

或在肚臍四周沿順時針方式輕輕揉按，就能增加腸胃道的蠕動，但若是比較嚴重的便祕，按摩的改善程度就沒那麼好了，這時可以求助中醫師，由醫師來協助以中藥或針灸幫助寶寶順利排便。

■ 脹氣

如果寶寶有脹氣的狀況，可以用保健按摩的方式幫寶寶排氣，例如幫他揉捏背部中段，也就是脊椎兩側肌肉的位置，或是按摩肚臍的四周，又或按摩耳朵三角窩再下來的耳神門穴，讓他可以把氣排出。

另外，脹氣、便祕時也可以按足三里穴，因為足三里穴是人體的四總穴之一，如果感覺胃疼、腹瀉、肚子痛、便祕、脹氣等腹部疾病都可以先按足三里穴，但假使情況沒有明顯獲得改善，還是必須請醫師來判別症狀。

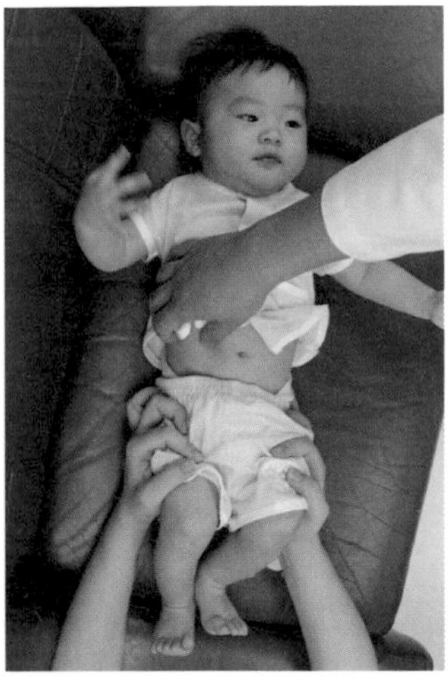

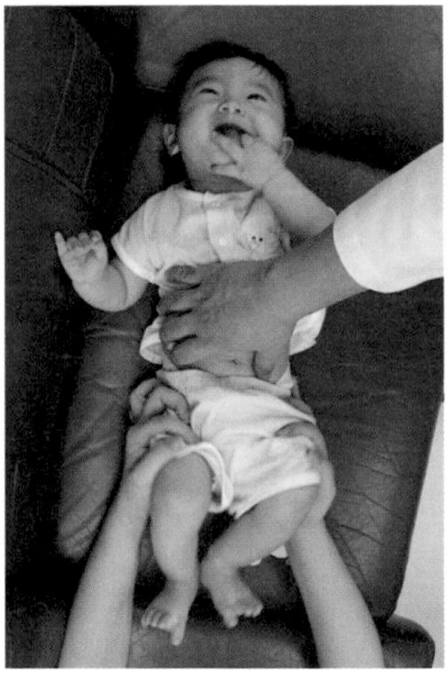

爸媽可以在寶寶肚臍四周沿順時針方式輕輕揉按，或直接按肚臍兩側的天樞穴。

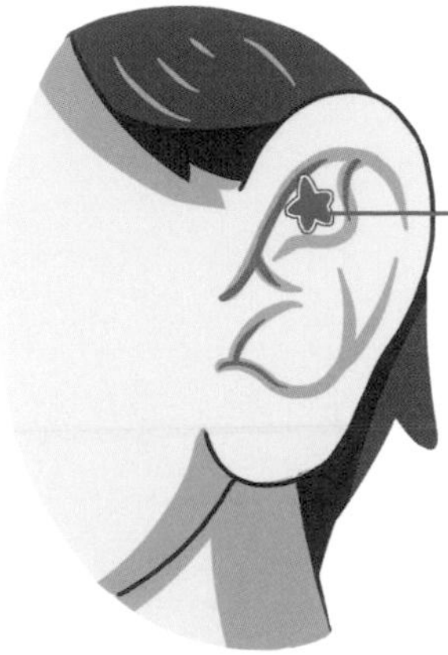

耳神門穴，在耳朵上方，耳廓內側的凹窩，用大拇指輕輕按揉即可。

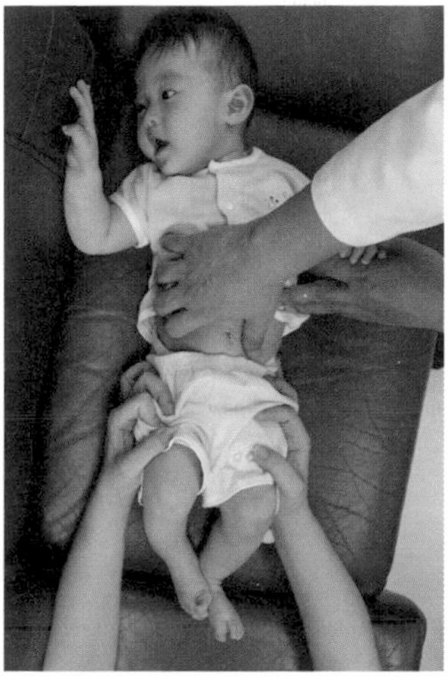

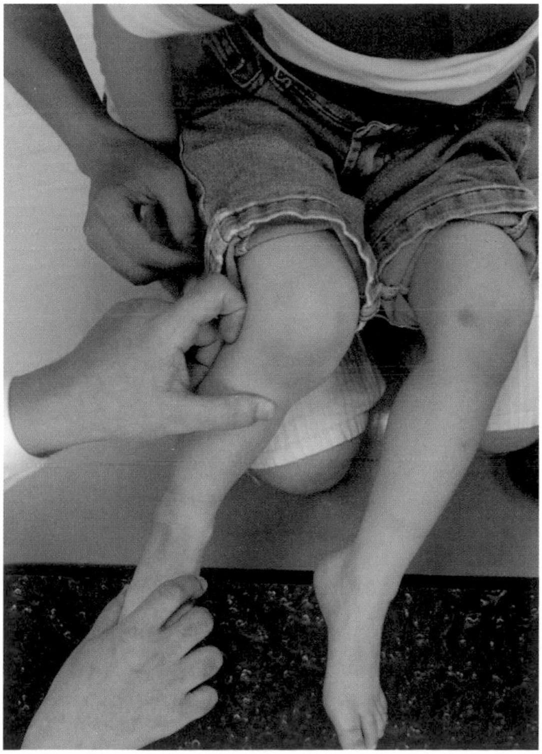

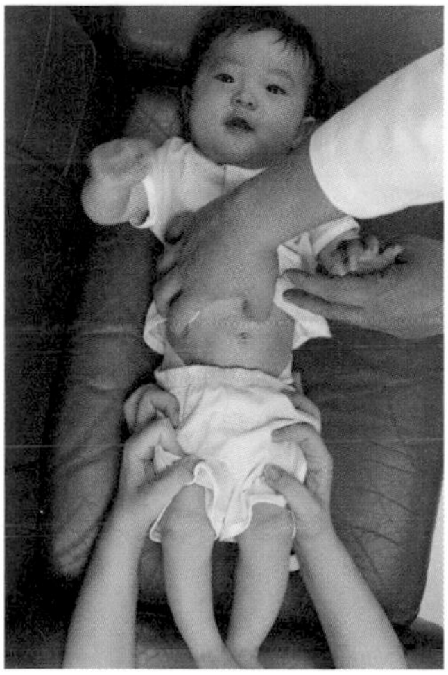

足三里穴位在小腿前側，脛骨外側，距膝關節約小朋友的手掌寬。

■嘔吐

寶寶胃的大小，和他的拳頭差不多大。吃飽時，最多如兩個拳頭般大，平常爸媽餵養的原則就是以七分飽為原則，也就是約他的一個半拳頭的量就好，一旦過量，極有可能使寶寶嘔吐。

會引起寶寶嘔吐的原因不只一種，有可能是以下的原因：

❶寶寶排斥某種食物。

❷病菌、病邪所引起。

❸寶寶勞累過度。

以上這些情形都有可能使寶寶嘔吐，照顧寶寶的爸媽都要特別注意。

偶爾寶寶會吐奶，有些爸媽就怕寶寶沒有喝到足夠的牛奶，因而使用副食品再餵寶寶，以中醫的角度來說是可行的，只要不影響到正餐時間都沒問題。不過要注意寶寶吐奶是不是生病了！如果有感冒症狀吐出來的奶量會比一般大，這是因為沒有把空氣排出所導致的；如果是因為腸胃損傷而吐奶，一般都會伴隨著大便變稀或其他症狀，這時一定要先看醫生。

寶寶該睡多久？

爸媽可能會發現滿月以後的寶寶和新生兒相較，睡眠時間好像愈來愈少，活動力也有愈來愈好的趨勢。根據專家們的研究，確實如此，新生兒每天需要睡十八個小時左右，每睡二至三個小時就會醒來一次；到了滿月後至三個月期間，大概就能不中斷地持續睡眠四至六個小時，有時候還能清醒一至二個小時。如果要訓練寶寶規律的作息時間，要特別注意寶寶臥房環境的品質，光線是否太強，是否有噪音干擾，以免讓寶寶難以入睡。在這個時候，媽媽的餵養原則依舊維持順勢而為，畢竟習慣的養成不是一朝一夕就能成功。

到了三個月以後，寶寶不間斷的連續睡眠增加，如果白天活動量大，到了晚上就會疲倦的入睡；如果到了六個月還晝夜不分，爸媽就要施以訓練了。想要讓寶寶晚上擁有好一點的睡眠品質，爸媽可以用按摩的方式幫助寶寶培養習慣。在寶寶睡前幫他捏捏耳朵，腳跟、手腕，讓他覺得肌肉比較放鬆，不會那麼緊繃，就會比較容易入睡。

至於要不要讓寶寶午睡，這也讓許多爸媽頗為困擾：因為很多寶寶午睡後，晚上反而不易入睡，這對夜晚必須帶寶寶的爸媽，特別是白天上班，得將寶寶託給祖父母或褓母的爸媽，是件相當棘手的事。

所以碰到這種情形時，可以請白天帶寶寶的祖父母或褓母，提早讓寶寶午睡，最好下午三點以前就能醒來，這樣寶寶在夜晚就會比較容易早點入睡。

幫助寶寶睡眠的保健按摩原則，就是要讓寶寶感到舒服，爸媽可以輕輕抓著寶寶的手腕搖他的肩關節或抓著腳踝搖髖關節，再用手指輕捏寶寶的背部肌肉，或是緩慢的拍撫他的背部，讓他呼吸放慢，拍時可以從背部由上輕輕往下拍撫，當寶寶睡覺時呼吸應是舒緩漸慢的，但有時寶寶會因為緊繃而有較深吸氣的動作，此時輕輕拍撫一下，可以減緩其肌肉的緊繃且緩和呼吸的頻率。

如果寶寶呼吸急促時，可以在他深呼吸的時候輕輕的拍下去，以這樣的動作讓寶寶的呼吸頻率緩緩放慢，剛開始可以順著他的頻率，然後把頻率愈放愈慢，他會慢慢跟上你的頻率，然後再將速度放慢，力道也逐步減少，他就會舒舒服服地睡著。

如果有睡眠問題的寶寶，還不需要用到按摩睡眠的穴位，只要先調整白天活動及午睡的時間。至於在四肢肌肉關節的部份，可藉由震動寶寶手部的肌肉，或是讓寶寶兩手捉著你，像開飛機振動的模式，這可以讓寶寶對外在的刺激產生愉悅的感覺。

如果不是針對疾病來按摩，而是想增加抵抗力，可以幫寶寶搓一搓手掌、手心、手背、腳掌，按摩到足三里附近即可。

讓寶寶較易入眠的方法

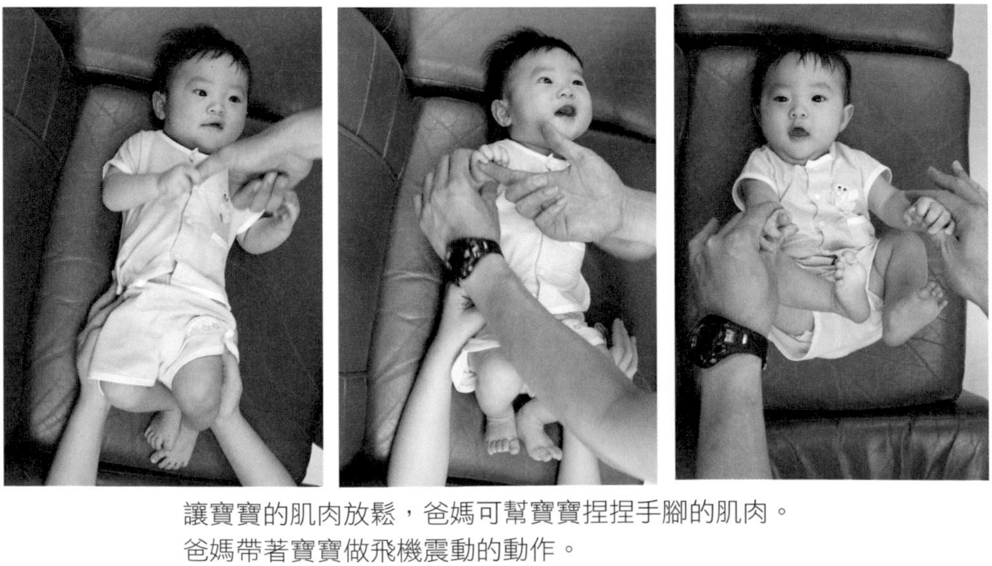

讓寶寶的肌肉放鬆，爸媽可幫寶寶捏捏手腳的肌肉。
爸媽帶著寶寶做飛機震動的動作。

做好寶寶的保暖，寶寶少生病

滿月後的寶寶會開始對外界愈來愈感到好奇，不再甘於躺在床上一整天。如果情況許可，爸媽應該帶著寶寶出門走走，多多接觸戶外新鮮的空氣，滿足寶寶的好奇心，也增加寶寶的環境適應力。

寶寶的穿衣原則：七分暖，三分寒

第一次帶寶寶出門，爸媽可能不知所措，深怕寶寶穿太多而中暑、穿太少而著涼。其實中醫建議，寶寶穿衣只要七分暖，三分寒，保護不及或太過都不好。還有些長輩會說，最好別帶寶寶出門，要不然寶寶容易被「煞到」，關於被驚嚇的寶寶，中醫有一套安撫的方法可以處理，至於穿衣服的原則和帶寶寶出門的注意事項，以下都有詳述。

■ 寶寶的衣服要適中

寶寶穿衣服的方式在夏天其實都差不多，比較需要注意是秋冬跟晚上的保暖，因為秋冬早晚溫差大，夜晚溫度較夏天來得低，而風也較大，這時如果沒有做到適度的保暖，寶寶則容易感冒。

為了怕寶寶感冒，現在很多媽媽都會把寶寶包得密不透風，其實寶寶穿衣並不適合包到讓他出汗，或是包得讓他很累，或夏天的衣著包得像冬天一樣厚也不適合，一般來講房間的溫度都比室外高。這時候，在室內的寶寶所穿的衣服厚度跟大人差不多就可以。

不管室內或室外，寶寶的穿著可以參照大人即可，有時候大人穿著清涼，卻把寶寶包得又厚又緊，讓寶寶在大熱天穿長袖，使寶寶流汗。就中醫來說，這是十分不合宜的作法，因為「十滴汗一滴血、十滴血一滴精」，若是汗流太多會損傷寶寶元氣，也會使得汗孔大開而更容易感冒。

一般來說，假使要帶寶寶出門，日正當中、太早、太晚的時間都應避免，也不要到太冷、太暗、太遠的地方，因為這時候的寶寶適應能力不比大人強。如果要帶他出門，最好在白天。晚上盡量避免外出，以免受驚嚇。

第一次外出要注意要點是時間點恰當、衣著合宜、距離不太遠、次數不太頻繁、不要因為外出而影響到寶寶的作息和飲食。

■為寶寶蓋適合的被子

以七分暖的原則來說，就是大人蓋涼被，他也蓋涼被，而不是爸媽蓋涼被，寶寶卻蓋厚被，這樣就過度了。

另外夏天時，室內的溫度比室外溫度低，只要注意不要讓外面的風、電風扇的風、冷氣的風直吹到寶寶身上即可，室內空氣只要有循環即可。另外關於踢被的問題，有些爸媽認為踢被會造成感冒，其實並非如此。如果六個月以上的寶寶感冒，這是因為寶寶從母親身上得到的抗體，在六個月後漸漸消失所導致，況且六個月內的健康寶寶還有從媽媽身上得到的抗體保護，不太容易因為偶爾踢被而致病，因此以中醫的角度來說，偶爾踢被並不用擔心，只要不讓風直接吹到寶寶身上即可。

■寶寶受到驚嚇

如果寶寶出門回家後，容易哭鬧、靜不下來、睡不好，有些長輩會說寶寶是被「煞到」了，至於是不是真的受到驚嚇而使寶寶睡不安穩，並無法從不懂言語的寶寶口中得知緣由，但在中醫卻都有方法可以調理而得到緩解。

中醫對藥的定義可以分「有形的藥」與「無形的藥」，有形的藥可以靠吃下去而得到治療，並有強弱之分，例如西藥就是藥性很強烈的藥物，食物則算是藥性較弱的藥物。而無形的藥則是心理層面的治療，以安撫作用為主要目的。也可以藉由宗教方式來協助，但若沒有效果時，仍要請醫師診治，以免是因為身體的病症所產生類似煞到的樣子，而延誤醫療。

中醫強調的是內外心體的調和，如果可以幫助寶寶和家長心神安定，這都屬於治療的方法。

有些中醫師會開甘麥大棗湯這類的藥物，安定寶寶的情緒。至於爸媽可以做的是幫寶寶輕輕按摩，讓寶寶靠在你的胸前，並把按摩的頻率放得很慢，讓他感到安心；或是在寶寶哭鬧時，慢慢輕拍他的背，讓寶寶感受到你的關愛，慢慢調整他的呼吸，達到安撫的作用。這種方式也適用於更大的寶寶，當他囟門閉合後，可以按摩他的頭部，也可以幫他抓一抓背，讓他感到安心。

一歲前的寶寶劑量

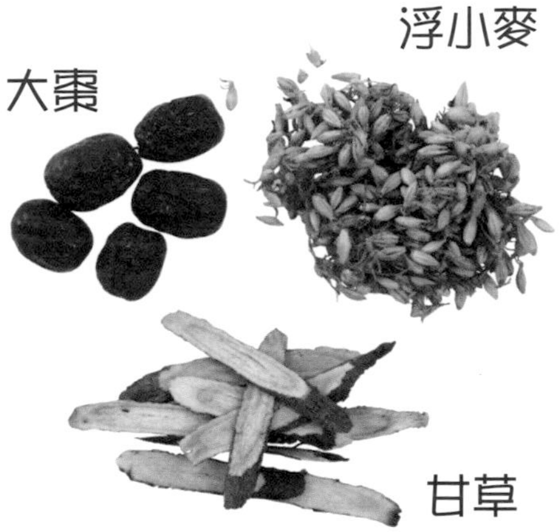

甘麥大棗湯

組成：甘草十克、浮小麥十克、大棗十枚

製作方式：以水 600C.C.，煮取 300C.C.，濾渣後分成三次飲用，每次使用 100C.C.，溫溫的喝，視狀況一天可喝一至三次。

功效：可以寧心安神，緩和小朋友不安的情緒，並幫助睡眠。

預防寶寶生病，你可以這麼做

爸媽都希望能養出健康寶寶，不過有時候因為天生條件或後天照顧的疏失，而使寶寶生病了，爸媽可能也因此慌了手腳，這時可以參考以下中醫的建議，判斷處置的方法。

用哭聲和體溫判斷寶寶是否病了

寶寶在還不會表達時，哭聲便是他主要傳遞訊息的方法，不管是他的音量、頻率，甚至伴隨的動作都不一樣，這時候爸媽就要仔細分辨，才不會「會錯意」。

寶寶在六個月前，會哭鬧的原因不外乎疼痛、肚子餓、尿布髒了、受到驚嚇等，尤其是碰到高燒、很嚴重的情緒抗拒、疼痛等生理問題（如高燒、倦怠、拉肚子，甚至玫瑰疹）時，他的哭聲更不同於平常，這時爸媽就必須更仔細的觀察寶寶的狀況，是不是有上述的問題。

■ 寶寶像團火就要注意了

中醫常說，寶寶屁股三把火，因為寶寶的元氣及陽氣較盛，平常環境的溫度較高時，寶寶就會流汗散熱，但只要是病邪（病毒或細菌）侵入，他的身體就不會出汗，反而會像火爐一樣熱，同時他的手心也很熱，當爸媽抱著他時就像抱著懷爐，還有一股熱氣會一直從他的體內冒出。

而且很多疾病都是濕熱型的，也就是會導致寶寶發炎、發燒、體溫升高、煩躁、倦怠、胃口變差等，再加上寶寶的生理反應比大人還快，不舒服的感覺也更勝於大人，當然會使他的表現異於平常，甚至會不斷地哭鬧，因此爸媽在平常照顧寶寶時，要特別注意寶寶的體溫是否有不正常的變化。

■ 吃得下、睡得著，就別急著送急診

一般來說寶寶最常見的病症就是感冒，感冒時可能會有發燒的症狀，而寶寶的胃口也可能變差，並會有躁動不安、睡不好的症狀，大便的模式也會跟著改變，有的會便祕，有的則會拉肚子。如果寶寶吃、喝、拉、撒、睡都跟平常不大一樣，那就是身體有狀況了。有時，身體可以自動調適過來，但如果超出寶寶身體可以承受的範圍時，那就是我們一般所稱的「疾病」了。

除非高燒不退等症狀嚴重，則必須先去看醫生。但如果寶寶是在吃得下、睡得著、大便出得來，活動力還好的狀況下，就沒有太大的問題。如果偶爾會流鼻水、打噴嚏，爸媽可以先做觀察；如果能在短期內（一至兩天）改善，就不需要急著去找醫生，先調整環境的品質（例如使用空氣清淨機過濾空氣），再吃點生薑稀飯，也能幫助寶寶恢復健康。

■ 高熱的調理

寶寶可能會因為感冒、流行性感冒、或是天氣變化而發燒，對於六個月前的寶寶，爸媽可以餵他吃一點生薑稀飯的粥湯，或是餵食一克的桂枝湯科學中藥，讓寶寶能夠微微排汗，這樣發燒的現象就能稍微下降。

調養寶寶的身體，中醫方法一定會先建議爸媽把寶寶的元氣顧好，不要讓寶寶太勞累，也避免他吹到電風扇、冷氣或戶外的風。如果調整好元氣，一般的病症通常在第三天時達到高峰，在五至七天內會有所改善。這是因為身體會產生高熱來對抗病菌，同時身體也會在七天內產生抗體，於是感冒生病就好了；如果下次又遇到相同的病菌入侵人體，這時抗體只要三天就能產生，於是大人就以為寶寶好像有感冒，但一下就好的感覺，這其實是抵抗力增強的緣故。

但由於現在的爸媽大多很忙，沒法請這麼多天假親自照顧寶寶，而在第一至兩天就常要求西醫開退燒藥壓制症狀，於是感冒的病症雖然好了，但寶寶反而沒有辦法自行產生抗體了！下次相同的病菌再來時，寶寶仍沒有抗體，進而抵抗力愈來愈弱，常常手腳冰冷，常常感冒，寶寶身體看起來就覺得很「虛」。

而中醫的療法強調小寶貝的元氣，並時時護著，而不是用藥來打壓症狀。許多常吃西藥治療感冒的寶寶，改以中醫調理後，反而提高了寶寶自身的元氣，讓身體的元氣去對抗病菌，而寶寶也變得比較健康，日後感冒生病絕不易纏身。

幫寶寶發汗退燒的調理

桂枝湯

組成：桂枝、白芍、甘草、生薑、大棗
若用藥粉形式：取一克的科學中藥，以適量的開水調勻，讓寶寶服用。
若要用煎煮的方式：取上藥材各一錢（約三克），用水 300C.C.，煮取 200C.C. 後濾渣，一天內分三次給寶寶服用。

服用桂枝湯後，再讓寶寶吃些薑稀飯，皮膚就會微微出汗，此時不要吹到風，並讓寶寶多休息，不能吃到糖果、餅乾、巧克力、滷肉、麵類等。

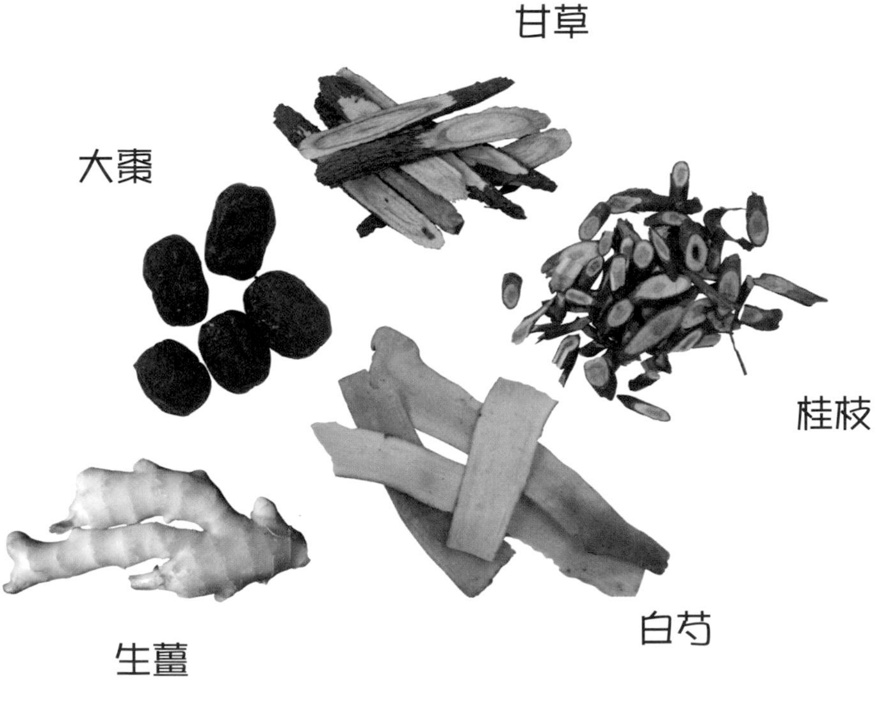

新生兒～六個月接種的疫苗種類

接種年齡	疫苗種類
出生二十四小時以後	卡介苗（BCG）
出生滿二至五天	B 型肝炎疫苗（HepB）第一劑
出生滿一個月	B 型肝炎疫苗（HepB）第二劑
出生滿二個月	白喉破傷風非細胞性百日咳、b 型嗜血桿菌及不活化小兒麻痺五合一疫苗（DTaP-Hib-IPV）第一劑
出生滿四個月	白喉破傷風非細胞性百日咳、b 型嗜血桿菌及不活化小兒麻痺五合一疫苗（DTaP-Hib-IPV）第二劑
出生滿六個月	B 型肝炎疫苗（HepB）第三劑 白喉破傷風非細胞性百日咳、b 型嗜血桿菌及不活化小兒麻痺五合一疫苗（DTaP-Hib-IPV）第三劑

Tips

當在《兒童保健手冊》列表中都有注明每一項預防接種的時間，記得要按時帶寶寶去打預防針。

有些爸媽會問，如果這時寶寶正在服用中藥，是否可以接種疫苗呢？一般來說，如果中藥的藥性不是很強，停用中藥兩至三天之後就可以打預防針了。打完預防針後，如果沒有任何特殊的反應，二十四小時後就可以再吃中藥。如果爸媽擔心，可再請教中醫師。爸媽還要注意的是，如果寶寶此時有感冒的狀況，也不宜帶寶寶去打預防針，必須等寶寶正常後才可以接受預防接種。

替寶寶洗澡也是一門學問

關於如何幫寶寶洗澡，在第一章都有詳述，爸媽可以參考「洗澡」與「按摩」的內容。另外要提醒爸媽的是，寶寶洗澡的時候喜歡玩水，在選購寶寶的浴盆時要注意，應避免選擇桶身太高的浴盆。桶深高雖然水較深，但容易礙手，不方便爸媽幫寶寶洗浴；桶子太淺，則會使寶寶的身體露在空氣中。因此最好隨著寶寶的身材，選擇高度適中的浴盆來幫寶寶洗浴，同時澡盆最好有止滑設計，免得寶寶滑倒。

浴巾的部分可以用較綿柔吸水性強的毛巾來幫寶寶擦拭，以保護寶寶柔軟的肌膚。沐浴精則使用中性配方，以免刺激寶寶的肌膚。

三至四個月以後的寶寶，身體變得比較靈活，夏天可以讓他們在水裡泡一泡，但要注意別讓他們嗆到水，如果嗆到水一定要幫他拍一拍咳

寶寶在水中活動，可以喚醒他在媽媽子宮羊水內活動的記憶。

出水來。

要提醒爸媽注意的是，冬天將寶寶放入水中太久會有失溫的疑慮，因此要留意水溫、室溫與通風；而且六個月以前的嬰兒游泳，耳朵容易進水，引起中耳炎，最好在他下水游泳前先做好防護措施。

此外，在替寶寶洗澡時，也可以順便觀察寶寶的狀況，尤其是皮膚。若有出疹子之類的情況，還是及時讓醫師知道，假使時間許可，爸媽還可以在替寶寶洗澡時，順便替寶寶按摩，這會讓寶寶很舒服喔。

皮膚出疹

在幫寶寶洗澡時，爸媽也可以注意觀察寶寶的皮膚狀況，是不是有出疹的情形。出疹原因一般分為由外侵入人體的風邪，或是病菌引起的，

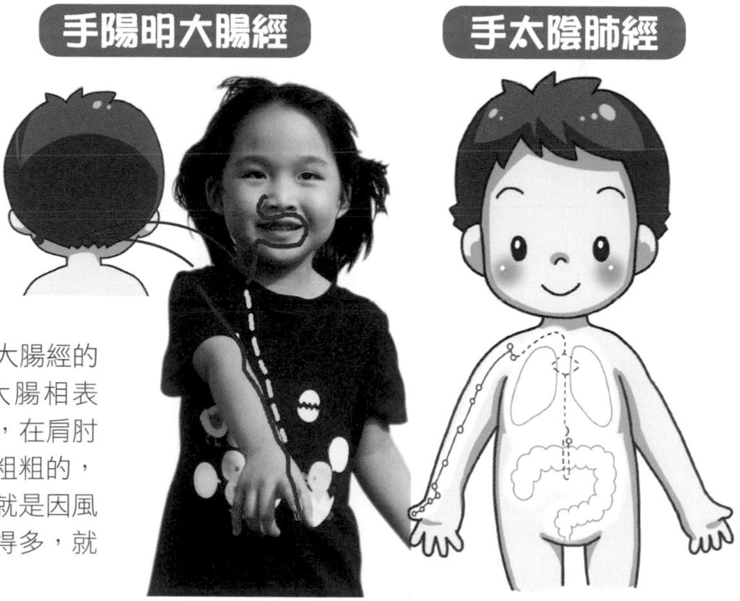

由手太陰肺經和手陽明大腸經的循行方式可知，肺與大腸相表裡，許多人大便不順暢，在肩肘間的手臂外側的皮膚是粗粗的，或起一粒粒的小疹子，就是因風邪引起的，而下半身出得多，就是濕邪引起的。

如麻疹、水痘等，也有因飲食習慣不佳而引起腸胃的火氣，或是衣著包得太密太緊因過熱引起的，如：尿布疹這種接觸性皮膚炎，或是異位性皮膚炎。

一般出疹初期都好發在寶寶肚子的四周，就中醫來說，出疹的原因是腸胃與肺出問題，因為肺與大腸相表裡。如果是上半身出的疹子較多，就是因風邪引起的；下半身出得多，則是濕邪引起的。同時，由身體中央往四肢發出去的疹子，即為身體將廢物排出的反應，這對身體的影響比較不大。但如果是由四肢往身體中央的方向出疹，對身體的影響就不可輕忽了！因為中醫認為，身體中央的部位是身體最重要的，如同一個國家的首都，如果是從外往內部延伸的疹子，代表抵抗力無法對抗，病症比較嚴重。

如果寶寶皮膚出疹不是很嚴重時，可以服用生薑稀飯加點鹽緩和皮膚炎的症狀，或是喝些黃連甘草水來做緩解，也可以用薄荷、菊花、金銀花來藥浴，藉這些方法來調理皮膚出疹的症狀。

■按摩

幫寶寶做的按摩還是要看寶寶的身形大小，爸媽幫寶寶按摩只需要到肌肉層層次，所以要注意按摩時力道不要太大，不要讓寶寶感到

判斷出疹的方向非常重要，由身體中央往四肢發出去的疹子，是身體將廢物排出的反應，對身體的影響比較不大。

痛，因為寶寶皮膚非常的細嫩，按摩時也不需要擦上乳液，只要把手弄乾淨、指甲剪平弄乾淨即可。

如果大人正在生病、剛摸過髒東西或使用過消毒水、身上灰塵過多時，都不應在此時幫寶寶按摩，一定要先把自己弄乾淨以避免寶寶接觸到可能致病的細菌。

按摩的時間應選擇比較悠閒的時間，避免在寶寶吃奶前後或是哭鬧時按摩；另外，因為寶寶的囟門還沒有長全閉合，所以不要按頭頂；至於耳朵可以輕輕拉一拉、揉一揉，力道要輕，不可使寶寶疼痛哭鬧。平時可多按摩背部脊椎兩旁的穴位，這些穴位與交感神經節的位置相當，能夠調理寶寶的五臟六腑。簡單的將寶寶的背部穴位分為三等分，上三分之一是心、肺範圍，中間三分之一是肝膽脾胃的範圍，下三分之一是三焦、腎、膀胱與大小腸的範圍；中間段屬肝膽脾胃，最下段就是三焦、大腸。

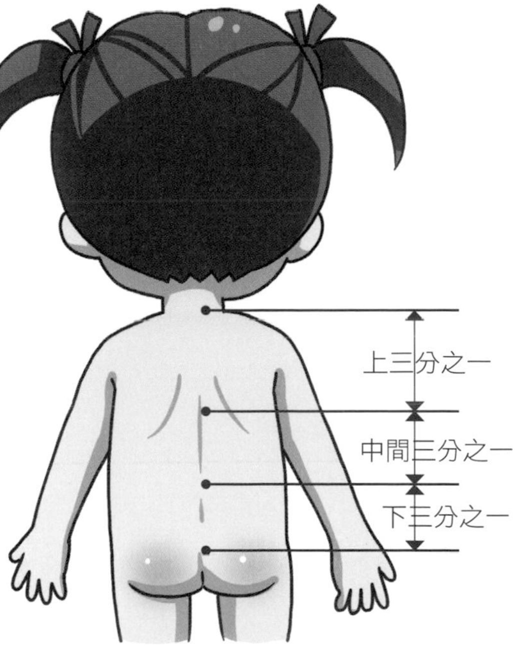

上三分之一是心、肺範圍，位置約在肩胛骨上下緣間（T1～T7，第 1 胸椎至第 7 胸椎）；中間三分之一處屬腸胃，位置約在 T7～T12；下三分之一處就是三焦、大腸，主肝腎，位置在 L1～L5（第 1 腰椎到第 5 腰椎）。

按摩的方式就像抱著寶寶餵奶、洗澡時抱在胸前的姿勢一樣，讓他坐在你的大腿上，再用手指輕輕捏他的脊椎兩側肌肉，由上往下揉按下來，大約按摩三至五回即可，不需要太長時間與次數，只要有按摩到即可，因為脊椎兩側穴位的膀胱經就已經管到五臟六腑的機能了，所以在脊椎兩側穴位揉一揉即可。

至於手的力道，只要讓寶寶感覺輕柔的感覺即可，可以微擦乳液或不用也可。

爸媽可讓寶寶坐在大腿上，用手指輕輕捏他的脊椎兩側肌肉，由上往下輕輕按揉數回，讓寶寶感覺輕柔的感覺即可。

常用保健穴位

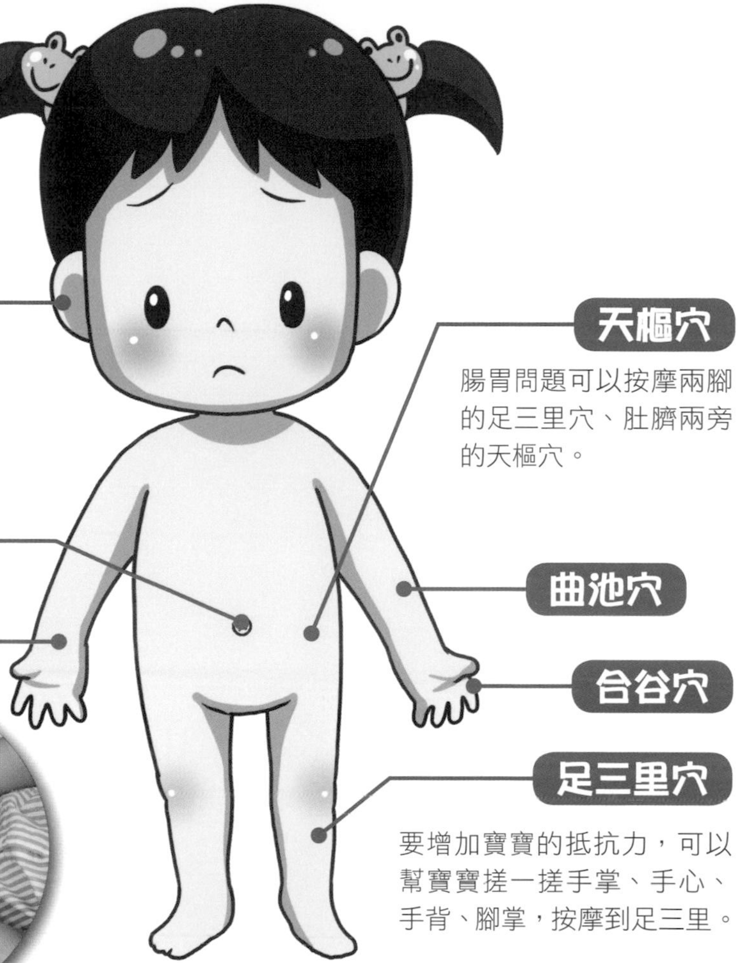

腸胃問題可以按摩兩腳的足三里穴、肚臍兩旁的天樞穴。

要增加寶寶的抵抗力，可以幫寶寶搓一搓手掌、手心、手背、腳掌，按摩到足三里。

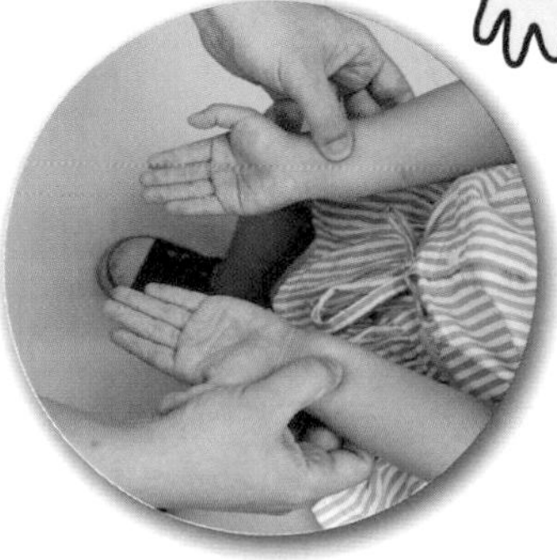

寶寶夜晚不易入眠時則可以按摩內關穴、耳神門穴。

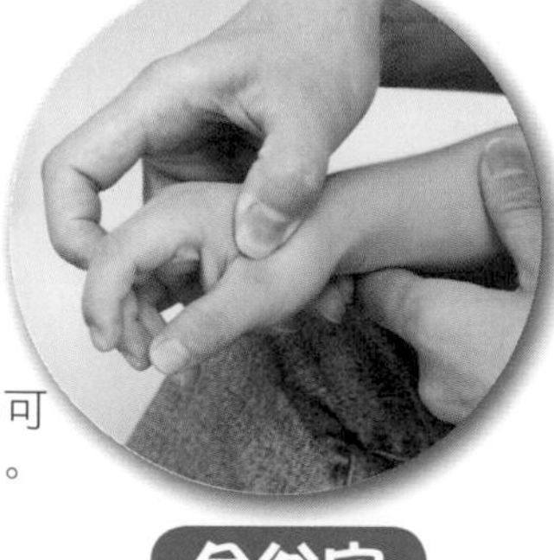

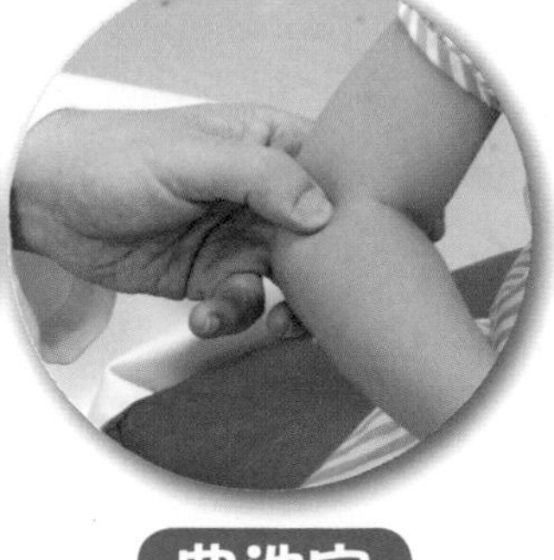

當寶寶咳嗽時，爸媽可以按摩合谷、曲池穴。

合谷穴

曲池穴

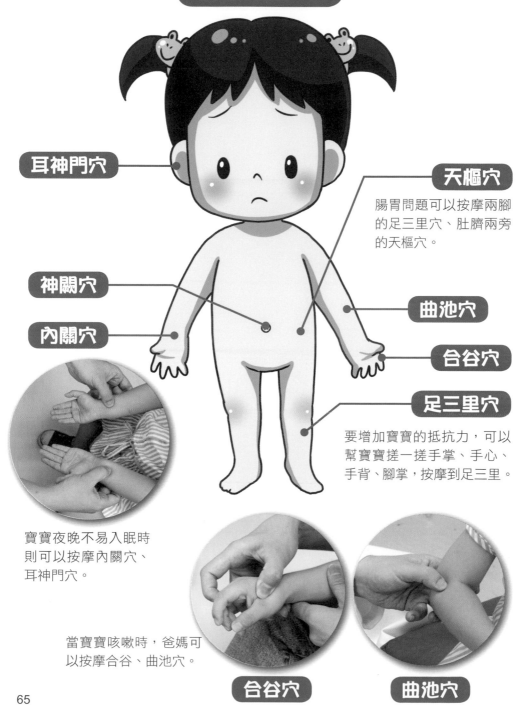

3

自主性愈來愈強，教育寶寶的起始點

七個月至十二個月寶寶的照顧

圖片提供／江春

寶寶成長的速度快速，才不過半年的時間，就從襁褓中的寶寶變成會翻身，接下來沒多久就進入俗話說的「七坐、八爬、九學步」的時間，這時候的寶寶懂得的動作愈來愈多，「意見」也愈來愈多，很快就懂得怎麼用自己的聲音和肢體語言「指揮」大人幫他做事了。

■ 七個月大的寶寶

❶ **學坐**：當爸媽把他擺成坐直的姿勢，他會學著不用大人的手攙扶，靠自己保持坐姿。

❷ **開始發出有意義的聲音**：這時候的寶寶會開始想要表達「意見」，想要學著大人說話，只是一開始也只會重複相同的音節，要經過一陣子的摸索後，才慢慢學會發比較複雜的音節。同時，他們也逐漸懂得如何運用自己的聲音和動作，告訴大人他已經大、小便了，但這時還是得用尿布，免得還不會控制的寶寶隨處大小便。而且他已經會區分熟人和陌生人，如果這時候把他從熟人身邊帶開，他可能會因為分離焦慮而表現出不喜歡的情緒。

■ 八個月大的寶寶

❶ **長牙**：這時，孩子已經準備好接受液體以外的食物。

❷ **動作變多**：孩子翻身的動作愈來愈靈活流暢，爸媽稍微不留心，寶寶就可能翻到床下去了，有些動作發展較快的寶寶甚至還想自己學著爬。

■九個月大的寶寶

❶學站：開始試著依靠大人攙扶或自己抓著欄杆，可以站一會兒。

❷開始運用手指：手指的能力愈來愈嫻熟，會用食指摳東西，還會將拇指和食指捏在一起。

■十個月大的寶寶

爬行及站立的時間也愈來愈久。會說的詞也愈來愈多。

■十一個月大的寶寶

可以開始用玩具和寶寶玩我丟你撿的遊戲，他會玩得不亦樂乎，也會試著拉抽屜，倒水杯裡的水……

■十二的月大的寶寶

會起立、坐下，偶爾還能放手走幾步。

以上所述只是大多數寶寶生長發育的情形，可當作爸媽的參考，但每個寶寶都有他自己生長發育的時鐘，有的快、有的慢，不過如果寶寶生長發育的情形落後太多，爸媽可能要找專業人員諮詢。

寶寶長牙了

現代寶寶因為營養充足，長牙時間有可能也會提早，有的寶寶在四至五個月時就已經長牙了，但如果寶寶到了八至九個月時還沒長牙，爸媽就要注意寶寶的生長發育是否有問題。一般來說，有的寶寶是因為有足夠的營養與鈣質，才提早長牙。不過，寶寶的長牙狀況還是要以整體的成長狀況來看，如果在六至七個月時開始長了兩顆乳牙，但後面幾個月卻完全停滯，爸媽也不可掉以輕心，以免影響到未來牙齒的生長。

寶寶長牙首重清潔

寶寶乳牙生長的順序，每個人不同，大多數寶寶會從門牙開始先長，有的寶寶一次會長一、兩顆。不過，無論從哪裡先長，也不管長的速度快慢，做爸媽應要切記的是，在長牙的過程中，要盡量減少寶寶糖果、餅乾、巧克力，這樣才能避免蛀牙及破壞吃飯規律。

至於鈣質的補充，西醫通常會建議寶寶多喝牛奶補充，而對中醫來說，可以讓寶寶喝些大骨熬湯，或是以排骨為湯底的粥，像是吻仔魚粥、雞湯等都是可以選擇的食補，不過在補充這些食補時應盡量避免油膩。

寶寶的乳牙生長？

寶寶的乳牙生長狀況是否正常，不要自己亂下結論，還是要經由專業醫療人員從寶寶整體的發展過程來判斷。
另外，有些寶寶在長牙的階段會有輕微發燒（低燒）的狀態，碰到這種狀況時，爸媽不需太擔心。

通常在寶寶六至八個月時，會長出下顎的第一門牙。

寶寶約八至十個月時，會長出上顎的第一門牙。

寶寶約八至滿週歲時，會長出上顎的第二門牙。

寶寶約滿週歲至十五個月時，會長出下顎的第二門牙。

寶寶約滿週歲至十六個月時，會長出第一臼齒。

寶寶約十六至二十個月時，會長出犬齒。

寶寶約二十至三十個月時，會長出第二臼齒。

至於清潔寶寶的乳牙，則可用消毒乾淨的紗布，沾上少許鹽巴幫寶寶清潔牙齒，因為鹽巴有滲透的作用，水分就會跑出來，牙齦也比較不會腫腫的。

■長牙後的副食品怎麼吃？

寶寶長牙以後，能夠吃的副食品就更多了，該怎麼樣才能補充寶寶的營養，又不用擔心過量而傷害到寶寶的腸胃呢？這個問題在寶寶長牙後，做爸媽的更是要重視呢。

副食品先以軟爛的粥飯為主，到了七至八個月的時候，可以磨水果磨泥給他吃，同時也可以讓寶寶嘗試不同種類、口感的食物，像是半固態的菜泥、稀飯，等到寶寶適應半固態的食物狀態後，最後才餵他吃固態的白飯、肉類。最好一次嘗試一種新食物，確定寶寶沒有不舒

Tips 用水果來磨牙

開始長牙時，可以給他一點蘋果、芭樂啃，這麼做並不是要他把水果整個吃掉，最主要的目的還是讓寶寶磨牙。

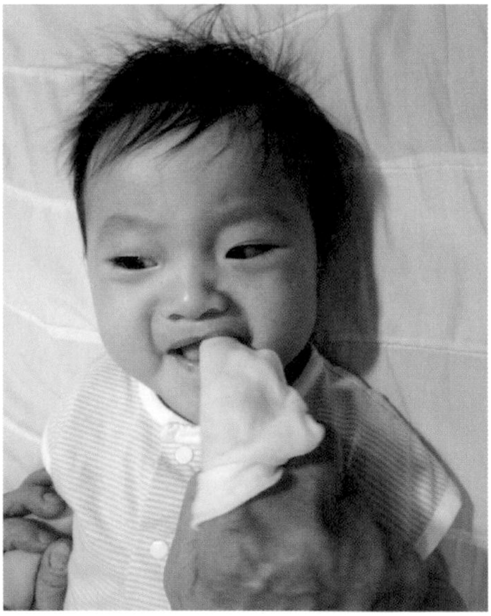

將紗布繞在食指上，就可幫寶寶進行牙齒外表面與內表面的擦拭。

服的症狀，下次再增加其他的食物。

八個月以上的寶寶，手指雖還不夠靈活，不過媽媽可以準備一些片狀或塊狀的食物（如撕好的土司、饅頭），讓他抓著食物進食，培養他自己用手進食的習慣，不過爸媽一定要在旁邊照顧，不要讓他嗆到，而當寶寶弄髒衣服、桌面時，爸媽千萬不要生氣或怒罵寶寶，以免寶寶害怕吃飯的感覺。

另外花生、瓜子，甚至包裝成一口一個的果凍，都不可以讓他直接抓來吃，以免噎到或造成異物吸入。同時，副食品不要放在奶瓶中餵食，可以讓寶寶慢慢適應用杯了喝飲料的方式，等到斷奶時就能順利脫離奶嘴、奶瓶。

但要特別注意的是，添加副食品時，「量」必須掌控好，不要一下子多一下子少，變成「寶寶今天吃得比較多媽媽就高興，吃比較少媽媽就擔心」的結果。

Tips 副食品要清淡

寶寶的副食品盡量清淡，有時一點點的鹽巴、薑末就能提味，不需要添加太多調味品，免得寶寶的口味越來越重，造成腎臟負擔。

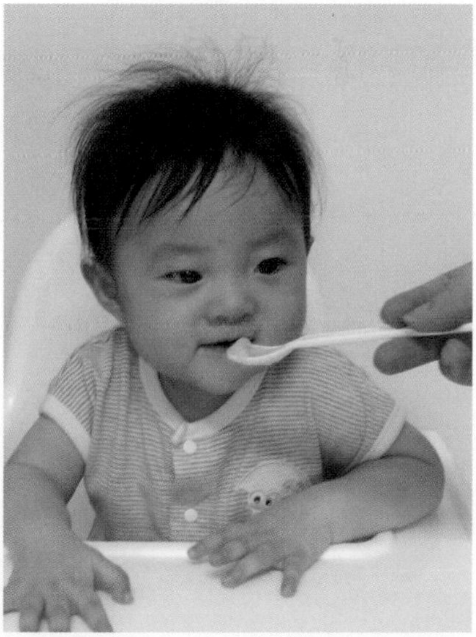

■補充水分很重要

寶寶的食物開始添加副食品後，代表他將逐漸遠離奶瓶，但也代表爸媽要開始注意寶寶的水分是否足夠了。

喝水是一件很重要的事，它不但可以有效預防寶寶便祕，如果養成在飯後喝水的習慣，還能有　口的功用，所以爸媽應在此時開始鼓勵寶寶喝水。不過，要特別注意的是，千萬不可以讓寶寶在吃飯期間喝開水，這樣可是會造成腸胃的損傷，而引起消化吸收不良喔！許多父母帶著身高不夠及身體很瘦的小朋友來門診想調理體質，十個就有九個習慣在吃飯時配白開水喝。

那麼，我們怎麼知道寶寶喝水量是否足夠呢？

很簡單，目測檢視就能辦到了。爸媽可以觀察一下寶寶的舌苔是不是很厚、眼屎是不是很多；寶寶的便便是否有過乾、過硬、過臭的情況；小便是不是很黃，運動後會不會流汗……如果有上述的情況，那就要趕緊讓寶寶補充水分了。

為了要讓寶寶多喝點水，相信很多爸媽都曾經做過類似的事，就是拿果汁或含糖飲料給寶寶充當水來喝，我十分不贊成這種作法，因為含糖飲料不但容易造成寶寶蛀牙，還會讓寶寶營養不均衡，或有過度肥胖的狀況。

另外要提醒爸媽的是，寶寶喝的水不可久沸，因為水在反覆沸騰後，水中的亞硝酸銀、亞硝酸根離子和砷等有害物質的濃度會相對增加。

寶寶每日的補水量＝寶寶每日的需水量－餵奶量

六個月至一歲的寶寶需水量（ml）：體重（kg）×158（ml）

觀察寶寶的便便！

當寶寶開始進食副食品後，便便的形狀、顏色或味道也有可能會因此改變，偶爾還會看到食物原封不動的排出來，這都是常見的狀況。
但如果寶寶的便便帶有濃烈的酸味或臭味，都是身體的警訊，不要等閒視之，因為呈現酸是因為體內太寒、太濕，而臭的話則是體內太熱。

第一階段：
五至六個月，爸媽應準備沒有硬塊的食物，讓寶寶練習在口腔中運用舌頭移動食物。

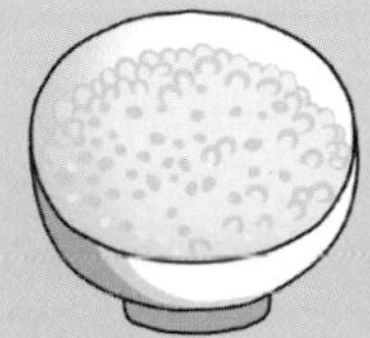

第二階段：
七至八個月，爸媽應準備軟爛的食物，讓寶寶練習用舌頭壓碎食物再吞嚥。

第三階段：
九至十一個月，爸媽應準備軟爛、小型塊狀的食物，讓寶寶練習用舌頭將食物頂到牙床上，再用牙床壓碎食物。

第四階段：
一歲以上，爸媽可準備軟硬適中的小型塊狀食物，讓寶寶練習用長出的乳牙咀嚼食物。

培養寶寶和人互動的能力

一般來說，六個月以上的寶寶都還會認生，有時候還有離手便哭的狀況，對不得不成為「無尾熊爸媽」來說，便成了「甜蜜的負擔」。有的媽媽還因為整天抱寶寶而得了苦不堪言的「媽媽手」，因此最好的辦法就是趕快解決寶寶因分離焦慮而哭的問題。而在這段時間，寶寶也開始牙牙學語了，如何鼓勵讓他學說話，大人也要費一番心思。

分離焦慮

有人說如果寶寶離手便哭大概是肚子裡有火氣，中醫認為是「臟躁」（臟腑機能躁動不安）所導致；也有人認為是因為媽媽在陪伴的過程中，沒有給予寶寶足夠的安全感，而導致寶寶焦慮；還有人說是因為寶寶飲食不夠營養，造成寶寶缺乏營養而使情緒不安，所以古人有一句老話說：「吃得肥肥，裝得頹頹。」也就是胖寶寶比較不會有焦慮的問題，而較瘦小的寶寶比較會如此。

從中醫的角度來說，瘦小的寶寶比較會焦慮的原因之一是所謂的「瘦人多火」，而火的來源自下焦（三焦：上焦、中焦、下焦），這火就是小朋友屁股的三斗火（三把火），也是讓寶寶正常發育成長的，但因為某些因素而過於旺盛，反而會耗傷自己的身體，進而出現瘦人多火的現象。

總之，如果寶寶離手便哭，就應該轉移他的注意力，讓他睡得飽、吃得好，有時不妨讓寶寶在早餐時吃點生薑稀飯來調理，就能夠緩解寶寶的這種情況。

培養語言能力

什麼時候該開始培養寶寶的語言學習能力，其實是見仁見智的問題。以中醫的角度來說，寶寶很早就會說話當然不錯，但也不要過分要求，一般來說六至七的月大的寶寶就會開始學習發音，經過一段時間的學習後，就會講一些簡單的詞，如：爸爸、媽媽、吃吃、餓餓、痛痛……等疊詞，但如果寶寶到了六至七的月仍然不肯開口說話，甚至對聲音沒有適當的反應，爸媽就應該留意寶寶的狀況，看看有沒有發育遲緩的狀況，需不需要找專業人士評估。

不過，由於現代父母有些只有一個寶寶，也有些雖然有兩個或兩個以上的寶寶，但彼此年齡的差距十分大，再加上居家環境和以前大不相同，現在無論是公寓或大樓，鄰居間都鮮少互動，以前那種小孩子玩在一起、大孩子帶小孩子一起玩的情形，也愈來愈少見了，也因為沒有同年齡的寶寶能作為模仿和學習的對象，所以語言用詞發展的能力較可能被延誤。可是，做爸媽的也不用太過緊張，平日有空可以多帶寶寶去有小朋友的親戚家走走。假日時，也可以多帶寶寶到附近的公園去和其他的小朋友一起玩，就能讓寶寶的語言能力順利發展了。

該坐、該站，一點也急不來

俗話說「七坐八爬」，也就是說七個月大的寶寶會開始想學坐，八個月大的寶寶則想學著爬行。不可否認地，寶寶學坐學爬的模樣真的是可愛極了，讓許多爸媽忍不住就拿起相機猛拍，不過在拍照之餘，更要注意的是，如何幫寶寶在安全的環境中，學習坐得更穩，爬得安全吧！

首先，就是安全的環境。

這個特別重要，爸媽最好能先把家中有稜角的東西移開；

插座電器等有孔的地方，也最好裝上防護貼片；陽台、窗戶和樓梯附近，盡可能的安裝護欄，至於窗簾、電線之類，以及垂掛式的東西，都必須特別小心，不要讓寶寶能輕易拉扯到，以免纏繞脖子，或重物隨繩索掉落，傷到寶寶。

再來，要注意的就是寶寶的衣服了。為了要適應寶寶的「動態行為」，爸媽在幫寶寶選購衣服時，除了要注意材質是否會引起寶寶皮膚過敏外，還要特別避免購買衣服上有花邊、拉鍊、鈕釦等會刮傷寶寶肌膚的配件。

至於鞋子也是很重要的，因為寶寶爬行時，腳會接觸地板。所以爸媽可以替寶寶穿上止滑襪子。並幫寶寶選一雙合適的學步鞋，這裡有幾個小撇步，提供給家長參考：

❶鞋子的前面必須留有空間，以腳尖和鞋頭有一指的距離為宜。

❷鞋子記得要包腳，走動時才不會鬆脫滑動。

❸如果要選涼鞋，也要注意材質和後跟的鞋帶是否牢靠。

最後，還是要提醒爸媽，寶寶成長的速度很快，最好兩至三個月就幫他換一雙新鞋，千萬別因為要省錢，讓寶寶穿上不合腳的鞋子喔。

順勢幫寶寶，別揠苗助長

寶寶的運動是從七坐八爬開始，在發展、探索世界的過程中都是以大動作為主。不過所謂的「運動」是大人的用語，而對寶寶來說，他的運動就是玩耍，玩累了就睡，睡醒了再玩，當他睡覺的生理時鐘到了，即使大人沒有特意哄他，他也會睡著；即使大人吵他，他也不會醒來。

一般的寶寶會根據自己身體發展的狀況去運動，爸媽千萬不要提早訓練寶寶，以免揠苗助長，因為寶寶的身體狀況不是靠訓練就能立即改變的，寶寶能做什麼運動還是要看寶寶本身的發育狀況，學習太過與不及都不好。爸媽只要幫他們準備安全的場所，給予不同的顏色、大小、形狀、材質的安全玩具，讓他們活動就好了。

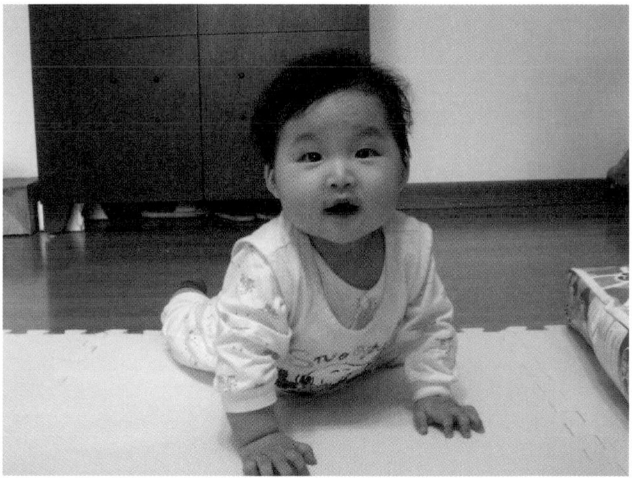

寶寶學習爬行或行走時，家中地板可以準備一些軟墊。

■簡單的四肢運動操

週歲前，爸媽可以協助寶寶做簡單的四肢運動操，例如開飛機的遊戲，爸媽比出「六的手勢」，讓寶寶的雙手分別抓著大拇指及小指，然後一邊輕微的振動，一邊帶上、下、左、右的動作，如此來幫寶寶做四肢關節的活動。另外要提醒父母的是，在幫寶寶做運動時一定要注意大人的動作，因為爸媽可能並非專業人員，並不清楚什麼樣的動作角度可能造成寶寶肌肉拉傷，有時候可能會因為一時動作過大而不小心拉傷寶寶肩膀周圍的筋骨喔！

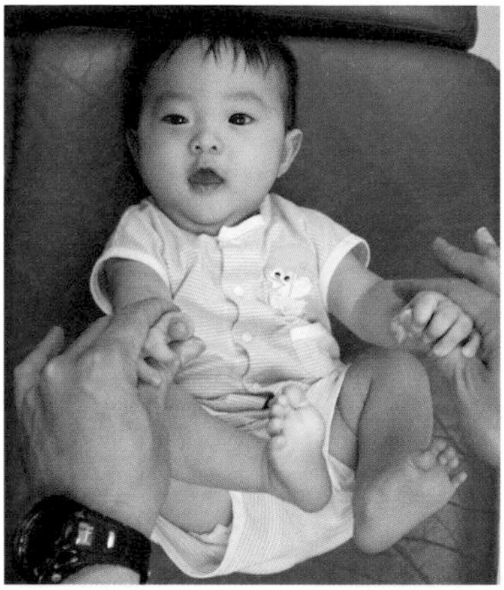

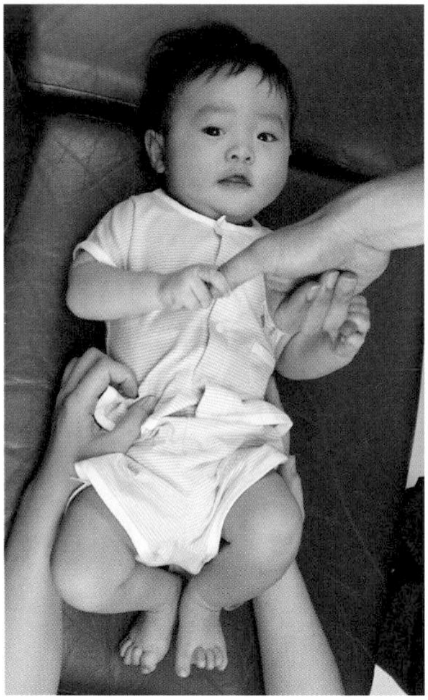

讓寶寶的雙手分別抓著爸媽的大拇指及小指，然後一邊輕微的振動，一邊帶上、下、左、右的的動作，可以讓寶寶活動四肢關節。

■協助寶寶學坐

寶寶在可以開始學坐的階段，爸媽可以先輕輕抓著他的骨盆，幫助他坐穩，但在做這個動作之前要先觀察他脖子的狀況。如果脖子還挺不起，就必須先幫他扶著。而在學坐的訓練方面，有些大人抱著寶寶學坐時會甩動他，如果只是簡單的振動，可以讓他增進刺激，但千萬不要把寶寶拋得高高的，以免傷到頸椎或大腦的血液循環。

如果寶寶在爸媽的協助下不能很快的就學會坐穩，這時爸媽不要勉強他，因為隨著寶寶生長發育的狀況，他的肌肉力量就會使得動作就會達到該有的程度。

■協助寶寶爬行

要讓寶寶學爬行，可以在練習爬行處如木質地板、地毯或床上放他喜歡的東西，只要保持爬行處乾淨、安全，寶寶爬行的時間到了，他就自然而然就會爬了。

爸媽想要訓練寶寶爬行其實並不難，只要在地板上放個吸引寶寶的東西，讓他能夠往前爬即可。但要注意的是，那個吸引他注意力的東西和寶寶爬行的距離不能太遠，以免讓他因為達不到而失去信心。

當他爬到預定的距離時，可用語言或實質的物品

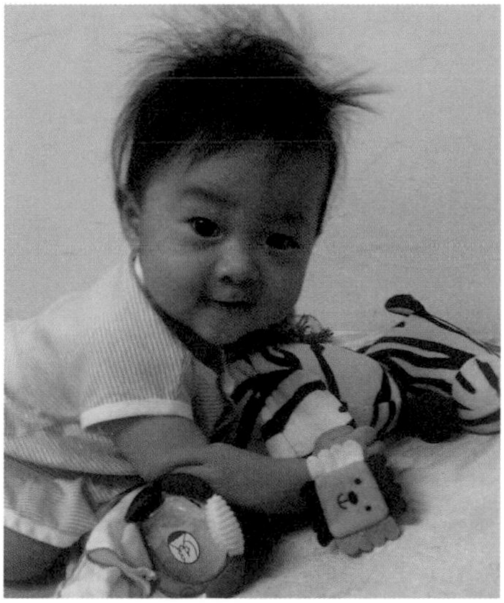

讓寶寶爬到爸媽預定的距離時，用語言或實質的物品作為獎勵，讓寶寶得到成就感，寶寶會更樂於爬行喔！

作為獎勵，而且一定要把獎勵他的東西給他，讓他有成就感喔！當然爬行訓練也可以隨性的包含翻滾或爬高爬低的動作，不用太刻意的要求寶寶只能照著大人的規矩爬行。

■ 增加寶寶抓握能力

加強寶寶抓握能力的手部運動，就是把他要的東西給他，並提供大小形狀不同的玩具給他玩，但最好是摔不破的，只要玩具的重量不要太重，就可以讓他很輕鬆地拿起來玩（例如復健時使用的小寶貝球）即可。這時候的寶寶已經具有把東西抓起來的能力了，而且還會抓起來咬，所以只要不是提供吞得下去的東西，都可以幫寶寶增加抓握能力。例如市面上有販售一些可以讓寶寶抓握的玩具，就是不錯的選擇，不僅能幫助寶寶手部的提高抓握能力，甚至還可以幫助寶寶手眼協調。此外，用餐時的湯匙、飯碗或水杯也都可以訓練他的抓力，不過這時候的寶寶很愛舔他手上抓到的東西。因此爸媽在訓練寶寶增加抓握能力時，也要幫他注意衛生喔！

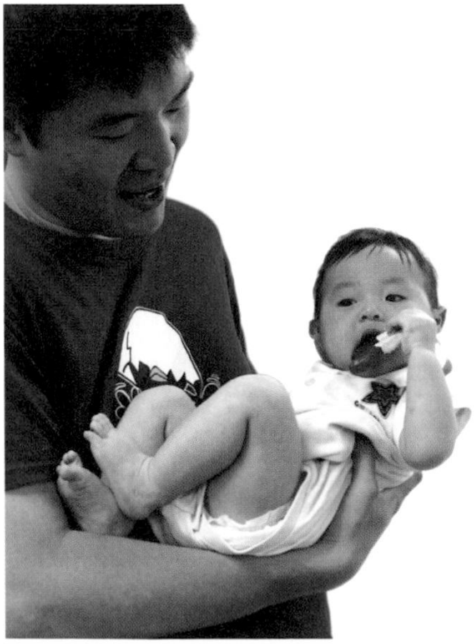

市售的抓握玩具，可以用來訓練寶寶手部的運動。

寶寶走路之前

一歲左右的寶寶大約可以站立了！要開始放手學走步前，許多爸媽會讓他抓著學步車學走路，順帶促進寶寶的動態平衡感。在學步的過程中，有時候難免會跌倒，因此學步的環境也很重要，儘量挑選安全不易受傷的環境，如在室內鋪上軟式的地墊就是個不錯的方法。

有些父母會擔心學步車的缺點，例如腳站得開開會影響以後的體態。其實爸媽不用緊張，因為隨著年紀增加，肌肉力量提升及骨架的穩定，短期的學步車使用不會有太大的影響。

■ 赤腳運動

寶寶要不要全身包的緊緊的，甚至隨時穿著襪子？這個問題的答案應該是配合環境和氣候來選擇，如果寶寶的腳涼冰冰的，為了保暖應讓他穿襪子。但如果在盛夏，對於準備學站學走的寶寶來說，一直讓他穿著襪子可能也不是很好的決定，因為腳底穴位或神經反應有助於臟腑機能的增長。

不過，這還是要依環境來決定，如果是在家裡的平滑地板或在乾淨的沙灘上就可以讓寶寶赤腳，但如果環境不夠安全，就不要勉強讓寶寶赤腳，以免使他的腳底受傷。若家中木質地板太滑或是冬天怕寶寶的腳受涼，選用附加止滑處理的襪子是項不錯的選擇，但仍以赤腳走路為佳。

寶貝寶寶的健康

寶寶六個月以後，從母體帶來的抗體逐漸減少，寶寶生病的機率也跟著提高，尤其是學坐和爬之後，活動量大增，再加上寶寶常撿到東西就往嘴裡塞，使得病菌容易進入體內，因此爸媽要比之前更注意觀察寶寶的狀況。

寶寶感冒了

如果寶寶只是單純輕微的感冒，通常中醫會建議爸媽給寶寶吃生薑稀飯就好。

但是，現在許多父母看到寶寶感冒會不捨，第一件事情就是馬上帶他去看西醫，希望醫生替寶寶開「消炎退燒藥」，但中醫認為用西藥消炎退燒之後，人體反而沒辦法自行產生抗體了，而當第二次相同病菌侵入時，發病依舊還是七至八天才會產生抗體，而且容易產生抗藥性。這就像我們上課唸書，碰到考試卻叫其他人替我們代考，雖然其他人幫我們考了一百分，但是下次再考同樣的試題時，我們仍然沒有辦法靠自己的實力考一百分。

如果每次寶寶感冒生病，都要求醫生開消炎退燒藥，不讓寶寶自己有機會產生抗體，以後寶寶的身體就會越來越弱，除了經常生病外，每次生病也不容易好。因此中醫才會主張用生薑稀飯保住寶寶的元氣，不必用外力（西藥）去滅火，生薑吃入體內後，也會使寶寶稍微出汗，達到病邪藉著汗水而排出體外的效果，和西藥也是藉由發汗來退熱、退燒的效果相同。

發燒

週歲前寶寶的感冒病邪可能是從吃的、摸的或是飛沫方式進入人體，因此上呼吸道感染的機率比較高，而下呼吸道的機率比較低。但也有可能因為增加副食品項目而使得飲食變得比較複雜，或是因流行性輪狀病毒、諾羅病毒而得到的腸胃型感冒，這和一般所謂的感冒不同的是，這時如果僅有上吐下瀉而沒有感冒症狀就叫腸胃炎，如果上吐下瀉伴隨著感冒症狀即為腸胃型感冒。

如果寶寶處於低燒的狀態，且活動力正常，中醫認為這個階段是寶寶在跟病邪做拉鋸戰。這時爸媽可以先觀察一下，不用急著送醫，想辦法先讓他排汗，把體內的邪氣排出來，同時也能些許退燒。如果確認只是單純低燒而沒有伴隨其他症狀，也可以在醫師的指示下先用塞劑退些燒，但不宜過量。

高燒

如果寶寶莫名且突然的整天都在發燒，一燒就是高燒，而且發燒兩、三天後就開始出疹子。中醫對於這種現象的判斷是，寶寶可能是腸胃發炎，也就是腸胃出問題，這可能是所謂的玫瑰疹，也是腸道的問題引起，建議帶去給醫師看看。如果發燒後開始出現疹子，而且連帶有大便不順或有拉肚子的狀況，這時只要讓他出點汗，疹子就會消退，但切記此時不可以自行用止瀉的藥物給寶寶服用。

另外還有一種狀況是，白天低燒或不燒，到了晚上就會莫名發高燒，甚至燒到快攝氏四十度。有人說這是因腺病毒引起的發燒，疾病的過程約五至七天，只要撐過七天就好，但最好還是先看醫師，備些急用藥物。

那麼，寶寶發高燒的時候，究竟要不要趕緊去掛急診呢？以中醫的角度來說，這種莫名的高燒多是腸胃的問題，如果是玫瑰疹，症狀大概會出現在第三天，爸媽不可輕忽不管，若燒隨著疹子出來而退，應沒有太太問題；若燒沒有退，還是要先看醫師唷！

如果懷疑寶寶高燒是因為感冒引起的，中醫認為那是風邪所造成的，因此這時不要讓戶外的風、電風扇的風、冷氣的風直接吹到寶寶的身體，讓他待在室內也能讓寶寶微微的出汗。如果是在夏天，爸媽也可以使用冷氣，但冷氣會製造另一種外在寒氣，而若照顧不周就可能侵入人體，因此爸媽照顧時要特別小心。

一般來說，如果高燒到攝氏四十度以上，很少人會用中醫的模式來退燒，但這並不代表中醫無法處理這種狀況。中醫通常會先觀察病人的狀況，如果高燒是因為要將病毒排除就沒有太大的危險，但如果高燒是造成愈來愈嚴重的疾病，就必須非常小心的處理。所以，為求心安，新手爸媽可以在寶寶高燒時，先給西醫看過，然後用中藥來調理治療。

■高熱驚厥

如果寶寶發高燒又同時發生背部角弓反張，或熱性痙攣的狀況，即是所謂的「高熱驚厥」，這種熱性痙攣的病菌威力很強，爸媽一定要特別注意。

當寶寶高熱驚厥時，爸媽一定要很鎮定，如果寶寶有嘔吐的情形，則要立刻清理，以保持寶寶的呼吸道通暢；如果手邊沒有藥物，可以先按壓人中穴，在鼻唇溝上三分之一的地方，爸媽可用指尖按壓數秒，可輕壓合谷穴來減緩疼痛不適。一旦發高燒，要儘快將體溫控制在攝氏三十八度以下，可先送急診來穩定寶寶的狀況。

中醫碰到這樣的寶寶依然是先把脈，再開一些涼性或寒性的藥方，古代是用麻杏甘石湯這種寒涼性的藥，因為石膏本來就可以清胃火，有時中醫還會加點

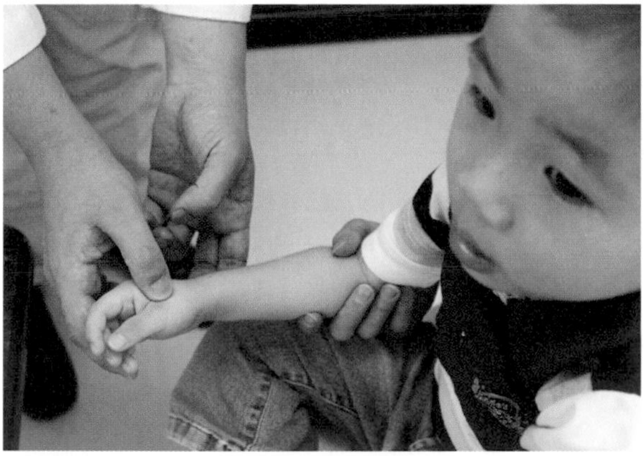

合谷穴位於大拇指和食指的虎口間，也就是將拇指和食指張成四十五度角時，位於骨頭延長角的交點。

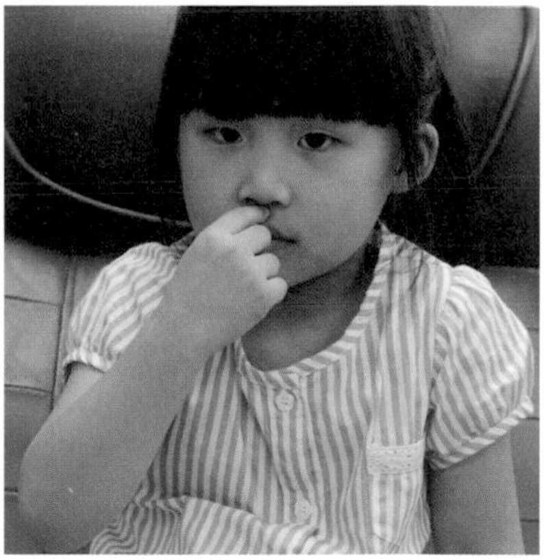

高燒時，可按壓孩子的人中穴，人中穴位於鼻下和上嘴唇溝之間，約上三分之一與下三分之二的交界處。

連翹、浙貝來消炎化痰，唐宋之後的醫家，不會用太強的寒涼藥來治療，於是採用桑菊飲或銀翹散、川芎茶調飲等比較涼性的藥。

這兒要特別介紹用來瀉熱的麻杏甘石湯，是以大劑量的石膏（石膏含有退燒的礦物質）來瀉熱，爸媽可經過醫囑後到中藥房買一兩（約三十七克）的石膏煮水五百ＣＣ，滾後轉小火續煮十分鐘，稍作過濾，放涼後給小朋友喝三十至五十ＣＣ。或是直接食用麻杏甘石湯的科學中藥，再經由中醫師診治的建議劑量，按時服用。古書中曾提及，石膏性涼，藥性大寒，入肺及胃經，與黃連的苦寒，單入腸胃經絡不同。

石膏

石膏它能使身體降熱，往往少量的幾克就能退掉高熱，不過目前少有寶寶會有高熱驚厥的狀況來看中醫的，因絕大多數先經由西醫急診了。

■ 感冒寶寶吃什麼好？

感冒的寶寶可能會沒有胃口，因為發燒或病菌會影響腸胃機能，體重也難免稍微下降，一瘦就是一至兩公斤，臉頰的肉都好像消下去了，看得爸媽心疼不已。一旦等到寶寶的體力稍微恢復，比較有胃口時，爸媽就迫不及待地想讓寶寶「補回來」，這個觀念可是大錯特錯的。

當寶寶感冒了，不管是正在感冒或是剛痊癒，爸媽都應該適度的限制寶寶的飲食，不要讓寶寶吃太多的食物，因為寶寶的腸胃才剛復原，若吃太多東西，可能會二度損傷腸胃機能。

所以在感冒尚未痊癒的這段期間，應避免讓他吃油膩烤炸、糖果、餅乾這類的食物，當然也要避免食用冰冷的食物，以免寶寶上火，使感冒更加嚴重。飲食應以生薑稀飯為主，讓寶寶的體溫些微升高以利發汗，等他將汗排出去後，再吃點適當營養的食物，使身體恢復元氣。這個時候的寶寶如果沒有胃口，即使是一餐不吃也沒有關係，要吃的話，仍不宜吃到燥熱油膩的東西。

如果寶寶有嘔吐症狀，應盡量讓他吃完藥再喝奶，否則先喝完奶再吃藥，會因藥水進入食道引起腸胃刺激而收縮，又可能造成嘔吐現象，使得剛喝進去的奶也被吐掉，混著藥物和食物殘渣的嘔吐物不僅黏稠，味道也不好聞，常使爸媽更擔心，以為寶寶的病情又加重了。

其實不然，中醫認為讓寶寶體內的熱隨著嘔吐物一起吐出來，反而對他的身體比較好，只是父母會更不捨得。而吐完一小時內，不宜

Tips 生薑稀飯的料理法

將一杯米加上三片薑，薑必須先切絲或剁成碎末，再和米一起熬粥，不用煮至黏稠狀就可以起鍋，如果覺得口味太清淡也可以加點鹽巴。這時候先不要讓寶寶吃豆、蛋、菜類的副食品，只要單吃生薑稀飯即可，甚至只喝米湯水也可以。

再進食任何食物或藥物，要讓腸胃休息，這樣也不會再讓寶寶不舒服。

生薑稀飯看似平淡無奇，但對中醫來說卻是小兵立大功的一道食物：稀飯是顧胃氣的食物，而生薑則有助於讓寶寶微微發汗。出汗的同時，順便將病邪排出體外。中醫認為病邪從人體排出體外的方法不外乎三種管道：從上面出去的叫做吐，從下面出去的叫做拉，用其他方法排出去的就是出汗。如果在寶寶飲食上能注意上述的這些事項，一般感冒大約兩三天之後就會痊癒。

■病後的調理要持續

通常發過高燒後的寶寶，接著會伴隨著便祕、胃口不好、咳嗽、流鼻水、皮膚起疹子，或是晚上睡不著的症狀，絕大多數的寶寶都會變成火氣比較旺的體質。這時中醫會依寶寶的身體狀況來做調整。一般來說，使用中藥調理有效的話，只需要二至三個禮拜，但要到達穩定的狀態，則需要二至三個月，再隨著不同體質的寶寶，有的甚至要調理一年左右才有明顯的效果。

但經過中醫調理後，寶寶的身體狀況會比過去改善許多，不會動不動就生病感冒。

因為中醫是從基礎打起，需要一定的時間來調理。如果因為需要時間而沒有耐心，就失去找中醫調理的意義了。

Tips 中、西藥要間隔一小時

絕大多數的爸媽在寶寶生病時，第一個反射動作一定是飛奔到醫院，即便不掛急診，也絕對會去診所請醫師打個針或開個藥，會將生病感冒的寶寶送去看中醫的，不是沒有，但還是少數。

也有一些爸媽，第一時間雖然是去求助西醫，但等到病情緩解時，就會改看中醫，希望藉由中醫的調理，將寶寶的體質調好。

那問題來了，中藥和西藥究竟該怎麼搭配吃才能夠達到最好的效果呢？

中、西藥一起服用，要注意的是藥物間是不是會產生加乘反應、或是相互減弱，進而影響療效，但如果爸媽希望中、西藥一起服用，最好在請醫生開立處方時問清楚服用原則，以免產生問題。無論爸媽有沒有事先問過醫生，中、西藥都要分開服用，而且為了避免藥物的交互作用，服用時間至少須間隔一小時。

腹瀉或嘔吐怎麼辦？

觀察寶寶的吃、喝、拉、撒、睡，一直是照顧觀察寶寶狀況的不二法門，尤其是寶寶的便便，能透露著身體的許多訊息。如果寶寶有發燒的情形，一定要先觀察並聞一聞他的便便，如果便便呈現酸味，表示他體內太寒、太濕；如果是臭味，則是體內太熱。以下是關於中醫建議對於腹瀉和嘔吐的照顧方式。

腹瀉

如果寶寶只是單純腹瀉，就是腸胃炎，寶寶腹瀉時大便的顏色大多是黃色與暗綠色的，中醫認為黃色的大便是因為「肝風」引起的，而暗綠色的大便則是食物殘渣，因為膽汁消化不完全而呈現出來的顏色。腹瀉通常是因為腸胃受傷造成的，很少因此發展成重症，不過因腹瀉而變成高熱驚厥也是有的，所以不能因此就掉以輕心。但如果是因為乳糖不耐症所引起的腹瀉，只要更換奶粉就能夠解決了。

❶單純水瀉：六個月以上的寶寶可以在生薑稀飯中加點鹽巴，或以米湯水來做調理。因為這是調和電解質最簡單的方式，當鹽分使腫脹的組織收縮到相對的濃度時，我們的身體自然就會的把水分排出，消除腫脹感。

❷大便酸臭味重：這代表寶寶體內的熱比較多，除了給寶寶吃生薑稀飯外，還必須再加上藥物來調理。通常中醫會根據寶寶的狀況開藥，如果腹瀉比較嚴重時會開黃連解毒湯；如果沒這麼嚴重，又有感冒症狀時，就開葛根芩連湯；如果是熱性腹瀉，有時以葛根芩連湯的成分各一錢（三克）煮三百ＣＣ的水就可以清肺胃的邪熱。

葛根芩連湯

組成：葛根、黃芩、黃連、甘草

製作方法：上述藥材各一錢（約三克），用水三百C.C.大火煮開，濾渣分三次溫服，往往1天就會症狀改善，就不用再喝了。

注意事項：寶寶的大便酸臭味重，意味著寶寶可能有腸胃損傷的現象，若寶寶有胃口時，切記不可冒然給太多食物，以免病邪反覆留在腸道，進而出現消化吸收變差的症狀。

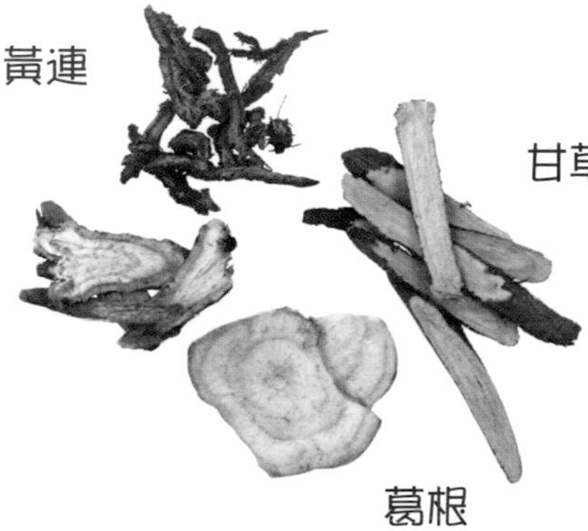

Tips　寶寶腹瀉別心急

腹瀉後經調養，大約三至七天就可以恢復正常。腹瀉期間，寶寶的體重可能不增反減，爸媽不用急著想把他的體重補回來，這時候副食品應全數停掉，只餵他米湯水或生薑稀飯，等他腸胃完全恢復再正常進食。

POINT!!

以上的作法請務必要經中醫看診後，經醫師許可才能實行，爸媽千萬不要自作主張喔！

嘔吐

如果寶寶是腹瀉連帶嘔吐（上吐下瀉），就有可能是因感冒引起的腸胃型感冒了。

寶寶嘔吐時，爸媽可以幫他輕輕按摩脊椎兩側的中間段，也可以幫寶寶按摩肚子。在肚臍四周有「腸道神經叢」，可直接按摩這附近的穴位，或以熱敷的方式來做按摩，也可塗上不太刺激的按摩油，以順時針的方式幫他在肚子上輕輕的揉一揉。事實上，腸胃道的腹部按摩有不同的方向，面對寶寶的肚臍，逆時針方向由降、橫、升結腸方向是針對腹瀉；順時針方向由升、橫、降結腸方向是針對便祕的按摩，過與不及都不好。所以，中醫會以最好的方式將它調到最好的狀況。

■ 腸胃道的腹部按摩

寶寶瀉連帶嘔吐（上吐下瀉），就有可能是因感冒引起的腸胃型感冒，可在寶寶的肚子上以順時針的方向按摩降結腸、橫結腸、升結腸。

❶ **升結腸**：位在右側腹下方與腹股溝交接處開始，到橫結腸右側端。升結腸的按摩方向要由下往上按摩。

❷ **橫結腸**：在肚臍上方，由右側腹到左側腹，按摩時由右側按摩至左側。

❸ **降結腸**：降結腸是在寶寶左側腹與腹股溝的交接處開始，到臍上左側橫結腸的終止處。按摩則要由左上方往下按摩。

腸胃道的腹部按摩

按摩方向由右側按
摩至左側，再往下
按至降結腸處。

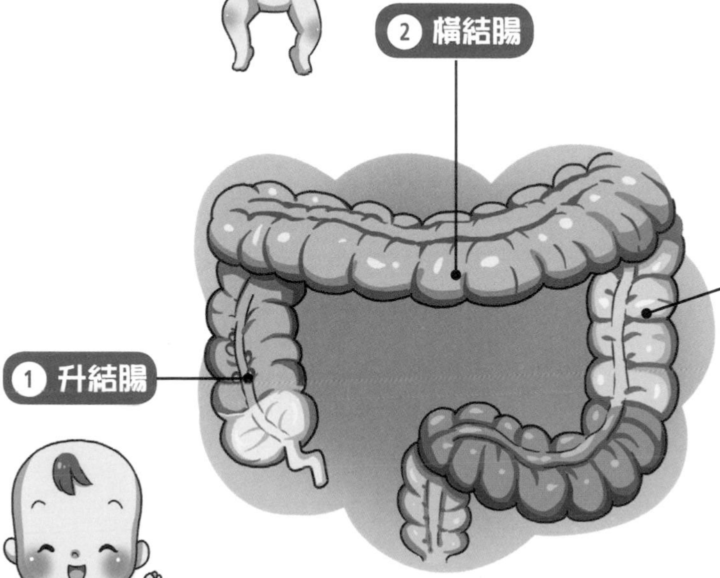

③ 降結腸

按摩方向由左
上方往下按。

先由下往上按摩升
結腸，再按橫結腸
和降結腸。

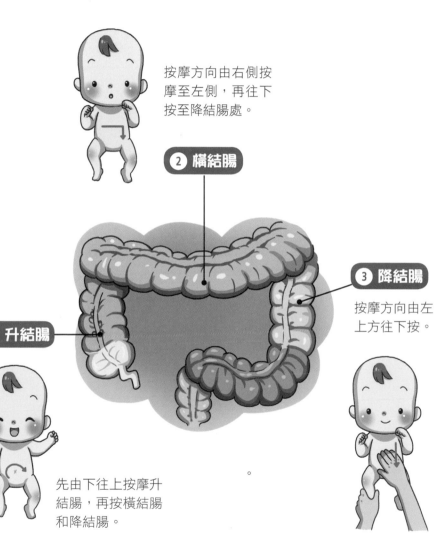

寶寶的皮膚出疹子

對於還不會清楚表達意見的寶寶，爸媽若想要知道寶寶的健康狀況，也可以從皮膚的狀況來判別。如果皮膚出疹，更要注意發疹的方向，是由四肢往身體中央的方向出疹，還是從外往內部延伸的疹子，方向不同對寶寶的影響程度也不一樣。以下則分別敘述寶寶得到玫瑰疹、麻疹、水痘的應對方法。

■ 玫瑰疹

週歲前的寶寶較容易得的皮膚疹是玫瑰疹，大約發生在半歲到兩歲間。寶寶得到玫瑰疹時會莫名的發燒，而且高燒會到攝氏三十九至四十度，持續約二至五天，高燒時沒有症狀，但是一旦退燒就開始起疹。

以中醫的觀點來說，高燒反應是一種熱的透發、疹的透發，也是身體的代謝作用。無論中西醫都會先觀察寶寶的出疹狀況再做治療，也就是給寶寶支持療法，等到他的玫瑰疹發完後，病也就好了。

一般來說，玫瑰疹來得快去得也快，但是來得快的病症通常比較嚴重。醫生通常會開三天左右的藥，接著再觀察患者的狀況，這是因為寶寶的變化太大，必須時時注意症狀，改變用藥。

■麻疹

目前的寶寶因為都有打預針，所以麻疹不常見。

如果寶寶得到麻疹，早期的症狀和感冒很像，都是咳嗽、流鼻涕、發燒，而且症狀會愈來愈重，寶寶也會有倦怠感，發燒至三至五天後退燒，但到了第四天，寶寶會從頸部開始出疹子，再向下透發到四肢。

■水痘

週歲前的寶寶也可能得到水痘。由水痘病毒所引起的水痘，通常是接觸傳染，如果家中有患者，只要寶寶的衣物、用具或玩具被接觸了，就可能被傳染。

初期症狀也會發熱，而且寶寶還會出現全身不適、食欲減退或煩躁不安的狀況，接著會發出紅色的疹子，等到乾燥後會結痂並逐漸好轉。因為皮膚搔癢，爸媽要注意不要讓患有水痘的寶寶抓破疤疹，以免細菌進入引起繼發感染。最好先配合西醫的診治，再用中醫調理。

皮膚出疹的中藥茶飲

如果寶寶出疹，尋求中醫處置，中醫會根據寶寶的症狀開藥。

一般來說，如果寶寶所出的疹子是紅色的，中醫會以桑葉、菊花、薄荷等涼性茶飲為主；如果是體熱較嚴重的，就以連翹、金銀花、板藍根做茶飲；如果是濕氣重所引起的疹子，中醫會開除濕的藥，如：薏苡仁或用綠豆湯來改善。

理論上只要多吃就會使病症減輕或緩解，這些茶飲只要煮開後飲用即可，不需要熬煮，煮完後將渣濾掉放涼即可飲用。

皮膚出疹的中藥茶飲

桑葉

菊花

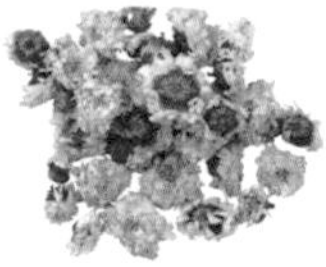

薄荷（乾品）

桑葉、菊花、薄荷各一錢，200C.C. 煮滾切火，濾渣溫溫的或接近室溫的溫度即可飲用，喝多少算多少。

金銀花

連翹

板藍根

連翹、金銀花、板藍根各一錢，200C.C. 煮滾切火，濾渣溫溫的或接近室溫的溫度即可飲用，喝多少算多少。

薏苡仁

薏苡仁三至五錢，可用 300C.C. 煮滾切火，濾渣溫溫的或接近室溫的溫度即可飲用，喝多少算多少。
綠豆湯則不要加糖，不用去渣，綠豆可一併吃下去。若覺沒有味道，可稍加糖，但不可加太多。

4 三歲以前，腦部發育黃金期

滿週歲至三歲寶寶的照顧之道

俗話說：「三歲定終生」，許多爸媽在初看這句話時都會嚇一跳，深怕寶寶輸在起跑點而耽誤了終生成就。其實，這句話的意思並不是要大人教三歲的寶寶學會各種才藝，懂各種知識，而是要爸媽照顧好寶寶的身體健康，建立良好常規。孟子說：「不以規矩，不能成方圓」，因為很多生活常規得在三歲之前建立基礎，將來長大了才不會不守規矩喔！

開始建立好的飲食習慣

從寶寶開始增加副食品後，他的飲食就愈來愈多元，也愈來愈趨近成人的食物了，這時正是培養寶寶飲食習慣最好的時候，培養他定時、定量的習慣，並針對他的體質來準備食物……看似老生常談的道理，等到真的著手進行時，許多人才驚覺不知道寶寶是什麼樣的體質，該怎麼著手進行呢？還好，古人早就從生活經驗中，建立了一套扎實的養生理論和方法，只要根據這些原則去準備寶寶的食物，就可以駕輕就熟了。

幫寶寶斷奶是第一步

斷奶並不是要讓寶寶從此不再喝奶，而是讓寶寶慢慢適應將奶水變成副食品的過程。自從寶寶開始食用副食品後，母乳或配方奶就逐漸從主食變為副食品了。至於何時才是寶寶斷奶的最佳

週歲至三歲的寶寶成長階段圖

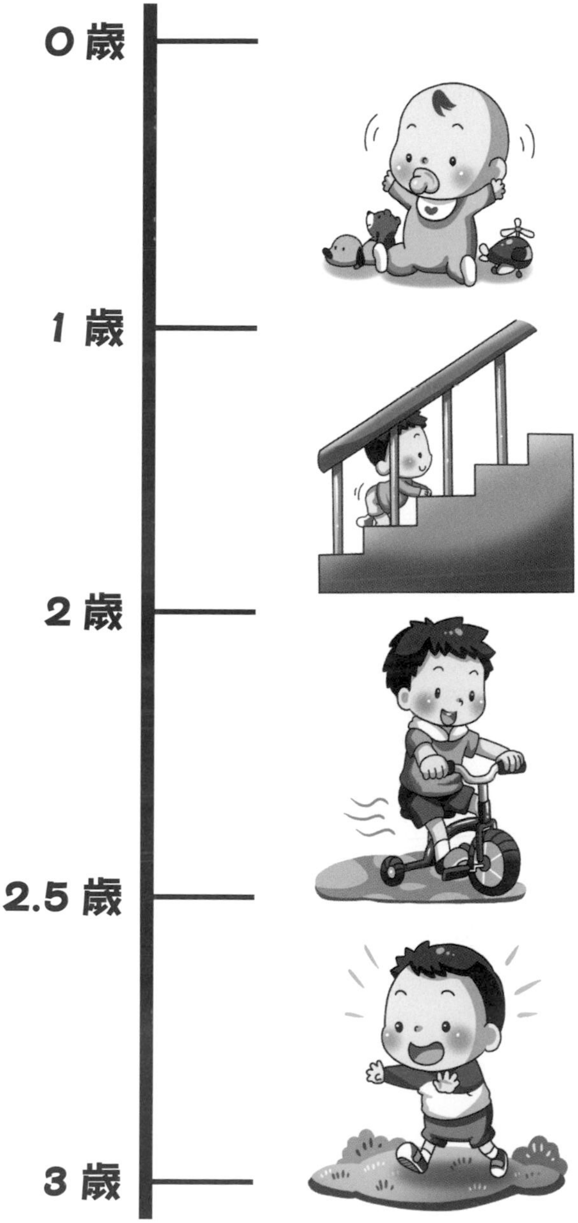

注意寶寶的發育過程，以及發育的注意事項。

大多數的寶寶能獨自行走、跳。並能扶著大人或牆壁上下樓梯。

大多數的寶寶幾乎都能自由地跑甚至上下跳躍，如果能訓練寶寶騎三輪車，他還可以學到雙腳交替運動。

這時寶寶可從大動作慢慢進步到可以做一點精細動作，例如撕紙，只要爸媽從旁鼓勵，讓他多多動手作，提升他的手指靈活度，還可以刺激寶寶的大腦生長。

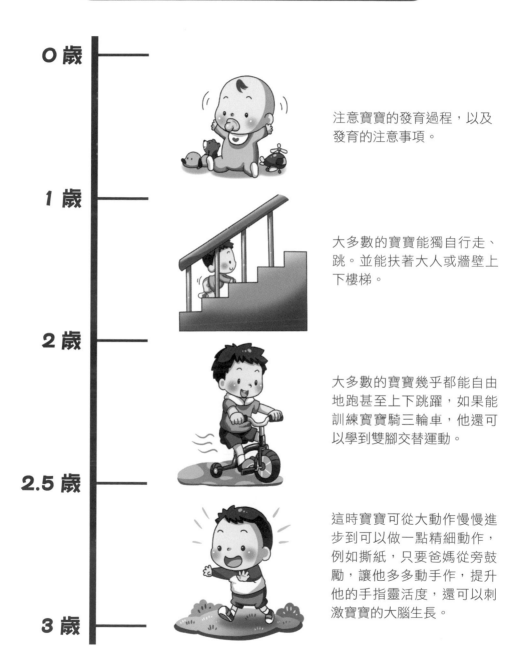

時機，則是因人而異，因為寶寶的食慾、口感會隨著年齡的增長而慢慢增加，食慾也會慢慢變大，對母乳或配方奶的需求量就會逐漸降低，如果爸媽想要讓寶寶斷奶，只要慢慢用正餐來取代母乳和配方奶的量即可，但在訓練斷奶的過程中一定要賞而勿罰，讓寶寶自然地斷奶而沒有心理壓力。

■睡前告別奶瓶

對於寶寶而言，告別奶瓶是一件極為困難的事，很多寶寶在睡前一定要抱著奶瓶喝奶才會感到安心，否則就會感到焦慮不安，但是如果寶寶非常依賴奶瓶，到五、六歲還戒不掉，有可能會使牙齦變形，導致牙齒不漂亮，因此最好在三歲口腔期滿足之後，就幫他改正用奶瓶的習慣。

因此爸媽最好使用一些技巧，慢慢減少寶寶

有些寶寶雖然很早就會用水杯喝水，也會用吸管喝飲料，但睡前喝奶不用奶瓶就不肯喝，這時爸媽還是要讓寶寶改用杯子喝奶，這樣對他牙齒的生長發育比較好。

喝奶的次數和量，才不會讓寶寶感到很痛苦。

※技巧一：轉移注意力。

首先就是以其他方式來幫助寶寶入睡，轉移寶寶的注意力，也可以和寶寶好好「溝通」，讓他心裡逐漸適應告別奶瓶這件事。

所以爸媽晚上回到家時，要盡量撥出時間和寶寶相處，讓他的活動量變多一點，晚上比較好睡，自然就不會把注意力集中在喝奶這件事情上了。然而許多父母太晚回家，和寶寶相處的時間過晚，導致寶寶過度亢奮反而不容易入睡，所以睡前一個小時盡量從事溫和的活動，例如說故事，唸童話書或繪本等的活動。

※技巧二：寶寶也吃七分飽。

以中醫的觀點來說，所謂「胃不和則臥不安」，是說腸胃機能較弱，或是睡前吃太多、空腹太久，都沒有辦法睡得安穩。而適當的食物在

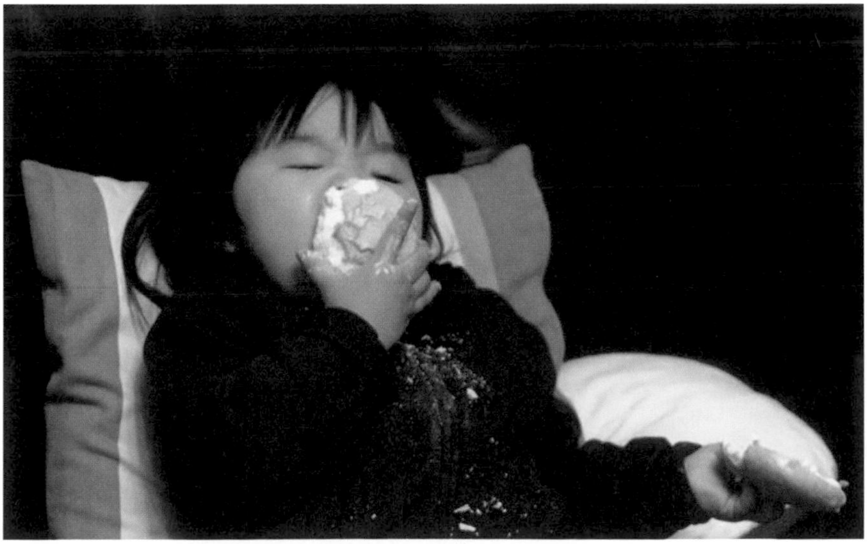

太陽下山後不要讓寶寶吃烤炸油膩及糖果、餅乾、巧克力等重口味的食物。

讓寶寶練習自己用手抓取食物，並且讓他習慣小口進食，培養他細嚼慢嚥的進食習慣，可以避免他吃進過多的食物。

腸胃中，能讓人比較放鬆。而在西醫的角度，則認為血液有較多的量在腸胃道，相對在腦部循環的量會少一些，這會使得頭腦比較昏沉，且腸胃道有些許食物的感覺，也會產生一些腦內啡，能讓我們容易入眠。

所以寶寶的食量要怎麼計算呢？一般來說，估計寶寶的食量可用寶寶的拳頭來衡量：寶寶胃的大小，與他自身的拳頭大小差不多，食量大約是一個半拳頭即可，最多不要超過兩個拳頭。

另外還有個原則就是，早餐最好是生薑稀飯、小菜等這類簡單清淡的食物；中午以前不吃冰冷食物飲料；太陽下山後勿吃烤炸油膩及糖果、餅乾、巧克力；睡前一至兩小時則不吃宵夜或喝飲料。

這樣一來，寶寶自然可以很快的入睡，也不會再四處找奶瓶了。

為寶寶準備適合的食物

以中醫而言，寶寶的體質在中醫來說屬於陽氣旺盛，無論男或女，都有好動、很難靜下來的特質，但他們的皮膚很嫩、很柔，屬於陰柔溫和，所以他們可說是至陰至陽的代表。因為至陽，所以活動力旺盛，充滿好奇心，且不斷地想要對外探索，又因為至陰，所以寶寶皮膚細嫩，容易著涼。

因此，寶寶平日的飲食應注意以下三點：

第一、不吃燥熱、油膩的食物（如：餅乾、糖果、巧克力）：這類食物有能量但沒有營養，會讓寶寶的體質變成熱性體質，因為寶寶本身就陽氣旺盛，若寶寶的排便時間也不定時，就容易有便祕的情形發生，進而引發他的大腸火，這是因為本來在他體內該代謝的東西都積在體內排不出去，使他的體內充滿了火氣（也有人說這是毒素），這樣的寶寶通常是皮膚也有問題，皮膚乾燥、嘴唇紅乾、手臂外側容易有小小量多的疹樣粗糙感，終日煩躁不安，還有睡不好的狀況。

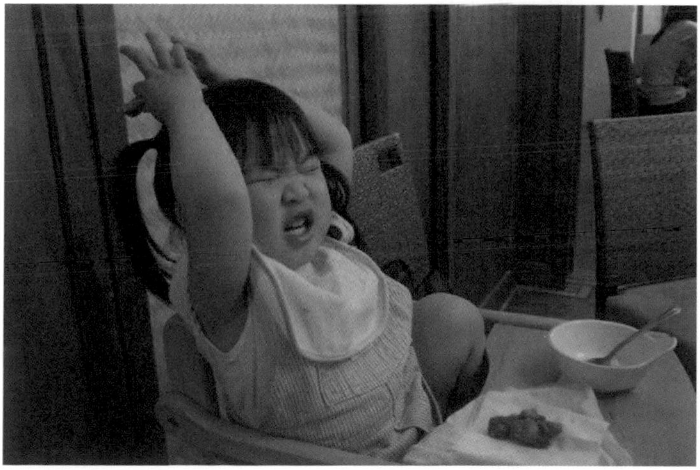

寶寶一旦習慣重口味的食物，要再讓他適應簡單清淡的食物就相當不易了，因此爸媽在供應寶寶食物時，一定要慎選。

第二、忌食冰冷的食物：因為我們的身體需要維持一定的溫度才能進行生化反應，人體的正常溫度都會保持在攝氏三十七點五度左右，如果超過攝氏三十八度就是發燒，燒到攝氏三十九度以上就是高燒了，攝氏四十度以上最好一定要去掛急診，否則高熱會損傷五臟六腑或引起寶寶的熱痙攣等症狀。

相反地，當中心體溫降低時，生理機能就會變差，所以為了讓人體保持在攝氏三十七點五度左右，我們吃進體內的食物溫度不宜過於冰冷，否則易造成寶寶胃腸機能損傷，消化吸收也會變差，容易便祕或拉肚子等症狀。而腸胃即是營養吸收的主要場所，進而會影響日後的生長發育。

第三、喝恰當溫度的水：冷熱水相互混合後，並無法馬上達到均溫，需要時間及攪拌，

大多數的寶寶都喜歡吃冰冷的東西，但冰冷食物容易耗掉寶寶的元氣，導致寶寶的抵抗力變弱。

否則馬上給寶寶喝時，容易燙傷，因此最好用熱水慢慢降溫的方式來取得均溫的水，或是讓寶寶飲用前適度搖晃奶瓶並試水溫，以免燙傷寶寶的嘴巴。

然而，有些人以為冷熱水攪拌混合就是「陰陽水」，事實上中醫所說「陰陽水」是指生水混合煮沸的水，而非冷開水混合熱開水。因為生水並沒有煮開，所以可能含有較多的細菌或微生物，而服用「陰陽水」後對腸胃道的刺激較強，可能會促進排便。

中醫認為體內的臟腑、經絡也和體溫相同是攝氏三十七點五度，而且這種溫度下的氣血循環是最佳的。如果我們大量食用冰冷的東西，會阻礙胃氣、肺氣，使得五臟六腑的機能變差，進而降低寶寶的抵抗力。

寶寶屬於至陽之氣，身體的體溫一般來說都偏高，而這股熱能就是讓他成長發育的元氣。一旦吃冰就會消掉他的元氣，所以包含屬性較寒的食物、西藥，吃久了就會讓身體的元氣變差，手腳會開始變冰冷，抵抗力也相對會變弱了。

養成不偏食的好習慣

常言道：攝取食物要「五味均衡」，為寶寶準備食物也一樣，將來他長大了才不會偏食。但爸媽可能會質疑，五味指的是那幾種味道呢？其實，古代指的是食物及藥物的「酸、苦、甘、辛、鹹」，而現今被認為是包含各種營養的不同食物，「五」代表多的意思，也就是各種食物的營養都要攝取的意思。以中醫的角度而言，寶寶只要吃得下，健康就沒問題！

「五味均衡」絕對不是只能吃某種食物，或在同一餐要吃到「五味（五種蔬果或五色蔬果）」，因為一天會吃三餐，只要攝取多樣的食物就會健康。當然，不是所有的食物都能讓寶寶喜歡，例如有些寶寶不喜歡吃青椒、生薑。對於這樣的寶寶，爸媽在準備時，就可以先將這些食材切得細碎些，或者和豆腐碎、肉碎混合成蔬菜餅，或和丸子一起煮，只要爸媽做菜時多用點心，寶寶就不容易挑食了。

同時，要提醒爸媽的是，吃飯過程不要受湯湯水水的干擾，消化才會吸收得好。因為吃飯時若先喝大量液體或邊吃邊喝，會導致水占據胃的空間，讓寶寶的食量會下降，並降低消化吸收的能力。許多父母帶著長不高、抵抗力差的小朋友來門診想調體質、想長高，一問之下，才發現都有邊吃飯、邊喝水的習慣。

若以生理學的角度來看，過多的水分會稀釋胃裡的胃酸與消化酵素，而胃酸一旦被稀釋，食物在胃的消化時間不足就會被推往小腸，但小腸主要功能是吸收，並無法代替胃進行消化食物，導致小腸在吸收食物的營養時受到影響。所以有很多人飯前會先喝湯，結

寶寶吃飯前盡量避免讓他大量喝水，以免這些水占據了寶寶胃部的空間，使得他食量下降。

果變成黑、乾、瘦的身形，也有很多吃飯配水的小孩都瘦瘦的、胃口不好，這都是因為吃飯時喝了太多的湯水所造成的。

學會細嚼慢嚥

養成寶寶細嚼慢嚥的習慣要先從大人開始，當大人在陪寶寶吃飯時，就得表現出細嚼慢嚥的動作，寶寶自然就會跟著模仿。

從營養學的角度來說，細嚼慢嚥對身體比較好，因為食物若經過完整的咀嚼，能有助於在胃部接受胃酸乳糜後，開始消化蛋白質。如果吃得太快，食物就沒有完全咀嚼及初步分解，胃部中的食物則無法充分消化，這樣會造成腸子負擔，甚至也無法確實吸收食物中的營養成分，進而影響寶寶的成長發育，抵抗力也會下降。

■ 專心進食，按時吃飯

營造一個能讓寶寶能安心飲食的環境，旁邊不要有太多的干擾，讓寶寶專心吃飯是很重要的！一邊玩一邊吃飯，或一邊看電視一邊吃飯，甚至在吃飯時，一直逗弄寶寶，都會讓寶寶對食物的咀嚼不夠充分，進而影響到身體健康喔！

另外，吃飯時間前不要給寶寶先吃其他的點心，或喝太多水，以免他的胃口被別的食物撐飽了，而不願意吃正餐。因為從食物進入胃部到排空需要四個小時，排空後才會有餓的感覺，為了不要影響到下一餐的進食，餐與餐的中間，千萬別讓寶寶吃東西。

總之，培養按時吃飯的習慣也很重要，讓他從小養成在對的時間做對的事，也讓他的身體適應生活的步調與節奏。只要作息正常，他的身體自然就健康。

POINT!!

飯前、飯後運動要注意

如果寶寶在飯前做劇烈運動，會讓寶寶的情緒太過亢奮，而口乾舌燥，導致胃口不佳，只想灌水或只吃一些簡單的東西。

而且在靜不下來的情況下，也沒有心思在吃飯的事情上。又因為胃氣不足，導致沒有胃口，進而影響食慾，使他的消化受到影響，因此不可不慎。若勉強吃飯，此刻的氣血在四肢較多、在腸胃道較少，吃下肚的食物，消化吸收的效率一定不好，反而增加腸胃的負擔，所以飯前半小時盡量不要讓寶寶過度運動，可以改請寶寶協助整理餐桌、或收拾玩具等較緩和的活動。

寶寶進食完畢，應該帶他走一走、散步，不要躺平或久坐，因為稍微站立或走動，可以適度增加腸胃蠕動。但若運動量太大，反而會讓氣血流向四肢，而腸胃的消化吸收效能就會變差，所以一般說吃飯前後半小時內不宜劇烈運動。

培養定時排便的習慣

排便指的是大便過程，中醫很強調寶寶的排便情形，因為這能了解他的健康狀況。在第一章中也有特別說明「訓練排便」的方法，不過訓練的結果因人而異，千萬不要因為寶寶一時達不到理想的成果就責備他，要多鼓勵寶寶，讓他早日達成目標。

排便不順怎麼辦？

寶寶開始吃副食品後，大便的狀況也會跟著改變，但只要每次的狀況都差不多，排便的過程就不會拖的很久、不會哭鬧或抱怨肚子疼痛，爸媽也不需要過於擔心。

但因為貪玩，該上的時候不想上，會使得整個消化過程變差；或者因反覆感冒，而使腸胃機能變弱，吃得少，排便量變少；又或者寶寶的大便是一粒一粒的，像羊咩咩或葡萄狀的大便一樣，那就是中醫說的腸胃有火（也有人說那是宿便），爸媽就要特別留意了。

Tips

做父母的千萬不要讓寶寶忍住便意，更不要在替寶寶換尿布或幫助寶寶排便時，露出為難或不悅的神情，這樣就能避免寶寶因心理害怕恐懼而造成排便不順。

■心理因素應盡量避免

有些寶寶會因為心理因素而延後排便時間，但如果經常如此就會影響到他的健康。例如寶寶還在包尿布的階段，如果要在外面換尿布，爸媽不經意地流露出難看的臉色；或者在寶寶已經由大人協助自行上廁所，有些爸媽會不經意地嫌外面的廁所不乾淨，於是告訴寶寶忍耐一點回家再上，這些都可能影響到寶寶排便的行為與心理，如果長期排便不順，最後就只能用藥物調整。

■腸胃蠕動功能不健全

便祕也可能是腸胃道蠕動的問題，因為寶寶腸胃功能尚未發展健全，通常會因為腸胃蠕動及活動量的因素而排便。也就是說，剛開始的新生兒階段是吃幾次排幾次，慢慢轉變為一天吃三餐就會排兩至三次；等到比較大了之後，大約是吃完之後的十二小時就會排出；直到上國小階段，腸胃功能較成熟之後才會慢慢縮減至一天一次。但如果有些寶寶出現三天以上才大便一次、大便時非常用力、大便又大又硬，或是每次排便時，都會哭鬧不安，嚴重的還會大便伴隨出血，那就是便祕了。

Tips

寶寶便祕時，飲食上可多讓他吃一些涼性、高纖的蔬菜水果，只要大便能夠順暢就好，不一定要吃益生菌或酵素，雖然這些幫助排便的效果很好；但就中醫的角度來說，寶寶的問題還是應該以食療為主，如傳統的豆腐乳、醬菜等就是酵素，只是很多現代爸媽可能會覺得不衛生或不營養。

相傳為東漢華佗傳世的《華氏中藏經》中曾指出，我們的腸胃就像土地，嘴巴的位置就像天上，吃的食物就像天上掉下來的東西，當我們吃到寒涼的食物，土地就得承接冰雹，吃到熱性的食物，土地就像承接了火山灰。如果我們沒有好好照顧那片土地要承接的東西，很快的那片土地就沒用了。

寶寶便祕時，爸媽也可以幫他按摩腸胃道的穴位，幫他緩解便祕之苦，不過若是便祕嚴重，食療和按摩就不一定有效，還是要請中醫診斷，找出造成便祕的原因，例如是因為平常很喜歡吃冰，或是吃了很多比較寒性的食物而造成的，還是大便呈顆粒狀，像一粒一粒的葡萄，這在中醫用藥時都不太一樣。

如果只是單純大便排不出的問題，通常中醫會以緩瀉的藥物，如麻子仁丸、小承氣湯、調胃承氣湯來調理；如果是葡萄狀排便，則會用小承氣湯、調胃承氣湯來調理。這些藥方都有不同的功效，最好還是請中醫師先診斷，爸媽不可擅自主張喔！

如果爸媽想要按摩寶寶的腸胃道穴位，相關的注意事項請參考第二章關於便祕和脹氣的按摩方法。

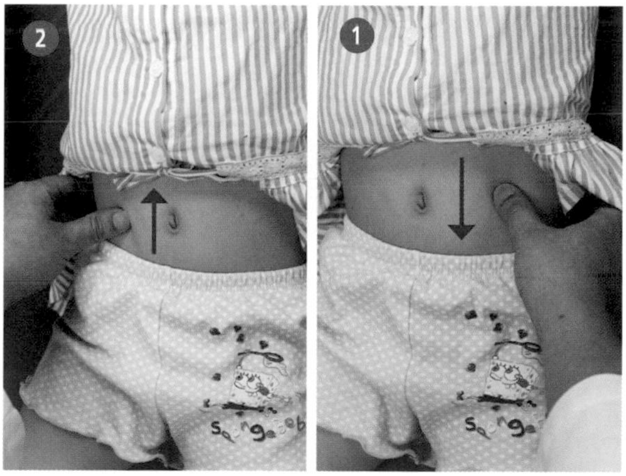

按摩寶寶腸胃道的穴位，可以幫他緩解便祕的痛苦。因為便祕，先按右圖 1（由上而下按降結腸），再按左圖 2(由下而上按升結腸)。

睡得好，自然長得快

從剛出生，到三歲這個階段，睡眠都是很重要的。以前總聽老一輩的媽媽們說：「一眠大一寸。」可見睡眠對正在長大的寶寶來說有多重要！如果睡眠品質好，並養成寶寶固定的入眠時間，寶寶自然能夠成長得較好。

寶寶該睡午覺嗎？

以中醫的理論來說，寶寶是不用睡午覺的，因為中醫是日出而作、日入而息，時間到生理機能就會自動調整，也有人說生理機能是二十五個小時，不是二十四個小時週期，但這也是見仁見智的問題，最好還是讓寶寶適應日出而作、日入而息的規則，才不會作息紊亂。

但有些爸媽在帶寶寶的過程中，往往在吃完午餐時會出現睡意，不自覺得就會想睡，這時也希望寶寶跟著一起睡。但在哄寶寶入睡的過程中，因寶寶的精

寶寶不用特意哄他午睡，如果寶寶自己疲倦想睡，他會自己趴下來午睡。

力旺盛而無法一下子哄睡，等到寶寶想睡時，卻可能已經午後三點多了，於是出現若讓寶寶睡，可能夜晚無法按時入睡；不讓寶寶睡的話，他又哭鬧煩躁。

建議爸媽平時就要讓寶寶中午前能有較多的戶外活動，這樣就能比較容易養成他在適當的時間內午睡。

要寶寶準時入睡，全家一起來

要養成寶寶良好的睡眠習慣，最好的辦法是全家一起動員，大家一起在晚上九點左右關燈睡覺，如果沒辦法讓家裡的成員都這麼早睡，至少媽媽或爸爸其中一人，必須在九點時陪著他睡，並將危險的物品都移除，睡覺時燈都關掉，讓寶寶慢慢適應上床的時間。

這樣就算一開始他不願意乖乖躺在床上也沒關係，但經過一番訓練，頂多經過一個月的時間，寶寶就自然習慣九點上床睡覺了。

Tips　甘麥大棗湯（一歲前的寶寶劑量）

組成：甘草十克　浮小麥十克　大棗十枚

製作方式：以水 600C.C.，煮取 300C.C.，濾渣後分成三次飲用，每次使用 100C.C.，溫溫的喝，視狀況一天可喝一至三次。

功效：可以寧心安神，緩和小朋友不安的情緒，並幫助睡眠。

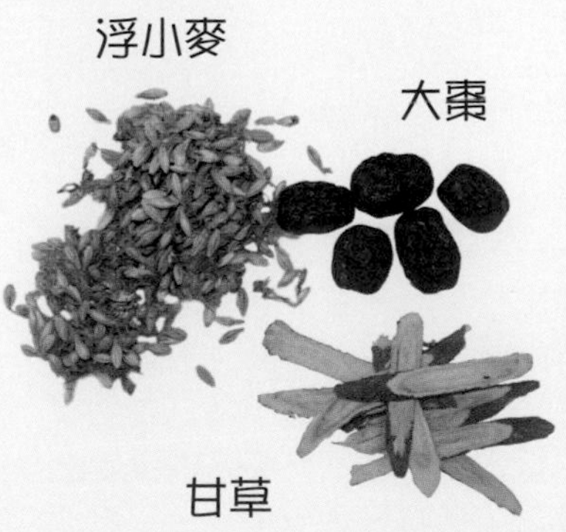

讓寶寶快樂做運動

寶寶開始學步走了之後，活動力愈來愈大，這時適度的帶他們到戶外運動，可以幫他鍛鍊身體，強健他的體質。不過帶寶寶運動要注意一些細節，如預防中暑，注意禦寒保暖，戶外地點的挑選等。如何才能讓家長放心，寶寶又能快樂的運動呢？以下的內容是帶寶寶運動要注意的事項。

寶寶學步別心急

滿週歲的寶寶正是學走的時候，爸媽莫不努力地想幫他走出人生的第一步。當然，讓寶寶學步還是要視寶寶的身體發展狀況而定，不可心急。如果剛起步不穩時，也別責罵他。

在寶寶學走之前，爸媽可以先幫他布置安全的環境，確定房間裡沒有足以絆倒他或有稜角的「障礙物」，在高危險區（如：房門口、樓梯口、窗戶及陽臺）都要裝好柵欄，讓他學步時能有安全無虞的環境。同時幫他準備

寶寶學步時，選擇適合的鞋子非常重要，爸媽平時要注意觀察寶寶的腳趾有沒有被壓紅、有沒有出現水泡、鞋子是不是偏大等的現象，適時替寶寶換鞋。

防滑襪、合適的學步鞋，讓他學走時能更順心。

剛開始可以讓寶寶扶著桌子的四邊或貼著牆壁學著走；等他走的更穩時，適時鼓勵他放開手；等他跌倒幾次後，就能慢慢找到訣竅，過不久就學會獨自走路了。

滿足寶寶好奇心，戶外運動不可少

寶寶學會走路以後，活動力越來越好，對外面的世界也越來越好奇，白天時爸媽可以適度地多多帶他到戶外運動。

在帶寶寶到戶外運動時，可以順便觀察寶寶的發育狀況，首先看看他有沒有辦法主動去探索外在的事物？跑、跳、蹲、爬的動作模式能不能協調？有沒有不自主的動作（例如不自覺的轉頭、眨眼）？會不會走到一半就因無法協調動作而莫名其妙的跌倒，如果有上述問題，爸媽最好帶寶寶到專業醫療機構評估是否需要診治。

大多數的寶寶都懂得為適應環境來調整自己，即使是跌倒的動作也是學習而來的，爸媽不用太過擔心，不過要幫他注意環境是否安全，例如周邊設備是不是安全穩固，地上是不是容易讓他滑倒，絆倒，周圍有沒有尖銳的東西會刺傷寶寶等。總而言之，爸媽要帶寶寶戶外運動時要注意的事項大概包含下列幾項：

安全：戶外運動的時候，環境安全是第一個考慮要點。

爸媽帶寶寶到戶外運動時，除了文中提及的注意事項外，還要注意挑選舒適的衣服，具有吸濕排汗的材質，與鬆緊適度的款式，才有利於寶寶排汗和活動。

POINT!!

體溫過高可以運動嗎？

有些寶寶有體溫過高的問題，是不是可以藉由運動出汗而改善症狀呢？雖然有此一說，不過這要看寶寶的體質來決定：有些寶寶的體質不錯，只是因為運動不足，而使體溫較高，這時可以讓他適度運動改善狀況，另外再加上食用生薑稀飯或瘦肉粥溫胃，讓他保溫，不要吹冷氣，他會自己發汗，進而體溫降低，但是千萬不要讓玩得過累，也不要勉強他動。如果寶寶的體溫過高，是因為感冒而引起，沒有活動力且顯得疲乏，就應該讓他多休息，勿勉強發汗，須先以藥物治療，並適當補充營養，等感冒好了之後，元氣已慢慢恢復、氣色有好一點，再讓他慢慢去活動。

時間：不要讓寶寶在吃飯前、後去運動，運動的時間點最好是白天的一大早或是傍晚時，晚餐後及夜晚最好不要出去。最好是日出而作，日入而息，宜在太陽下山前結束當天的戶外活動。

規律：運動時間盡量保持規律，每次只做規律的運動，運動時間不要忽短忽長。

飲水：運動前後半小時內不要喝太多水，也不要喝冰的飲料，飲食也要正常。

氣候：注意外面空氣的冷暖，不要讓他吹太久的風。

心情：運動時讓寶寶保持心情愉快。

除了上述的注意事項外，另外要注意的是運動過量會導致寶寶體力透支，而且也不要過早讓他做拉筋運動，運動量只要適量就好，同時晚上運動如果太興奮，會睡不著，造成晚上睡覺時候哭鬧。如果是這樣，可以讓他飲用甘麥大棗湯，幫助他比較好睡。

此外，還要注意避免讓寶寶中暑，並注意禦寒保暖。

中暑通常是因為寶寶體溫調節中樞的發育尚未完全，使寶寶的排汗、散熱功能較弱，體溫調控的反應能力也較差。當寶寶衣服穿太多或被包裹得過暖時，會使他產生高熱、大量出汗的狀況，甚至有因為細胞外液大量流失，而造成脫水、代謝性酸中毒、腦缺氧和腦水腫等問題。

另外，還有可能因寶寶腸胃功能不佳，而引起的中暑、暈車，中醫認為疾病大多是因為腸胃病所引起的，因此腸胃功能一旦不佳，無法消化有形的食物時，無形的氣就會開始耗損。解剖角度中，迷走神經跟副神經的分布是在胸口跟腸胃，大多數的人若腸胃不適就容易誘發嘔吐的症狀。

如果要預防寶寶中暑，爸媽可以掌握以下的原則：少穿衣，也就是俗話說的「要想小兒安，三分饑和寒」；室內空氣要流通；夏天時注意補充水分；藉由洗溫水澡，適時將體內的熱散發出去；烈日下不出外活動；出門前做好防曬準備。如果寶寶中暑，爸媽可以幫寶寶按摩內關、曲池、背部的樞穴等穴。

爸媽也可以用另一種按摩方式，來增加寶寶的禦寒力，先將手部搓熱輕輕按摩他的肩部，從他的肩部外側開始一直往下搓到手指，搓個幾次後皮膚就會生熱，但是不要搓太多次，因為這樣搓寶寶的汗孔會開始出汗，流汗後就收汗，要注意在搓的過程中不要讓他著涼。按摩時可以按寶寶的十總穴，脊椎兩側的穴位也可以按摩。

常用養生穴位：十總穴包括頭項尋列缺（手太陰肺經）、面口合谷收（手

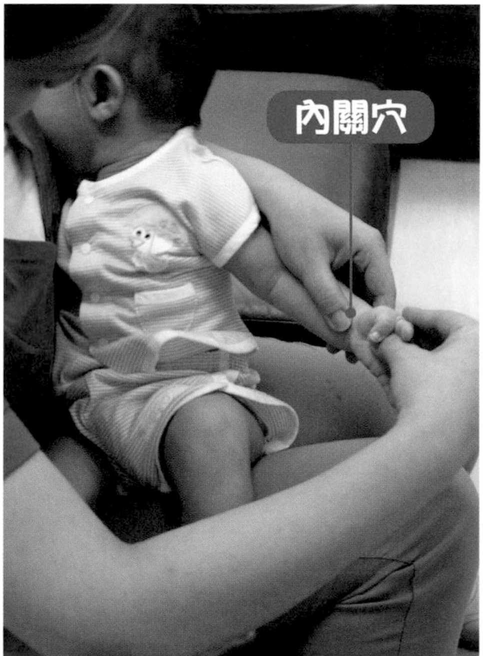

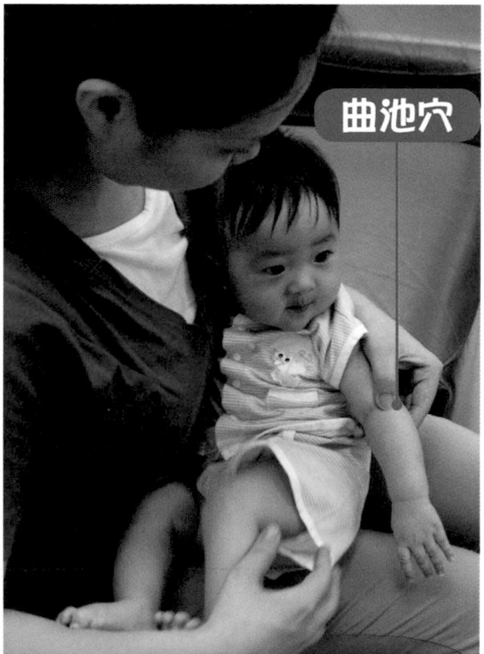

寶寶若有中暑現象，爸媽可幫寶寶按按摩內關、曲池等穴位。

常用養生十穴位

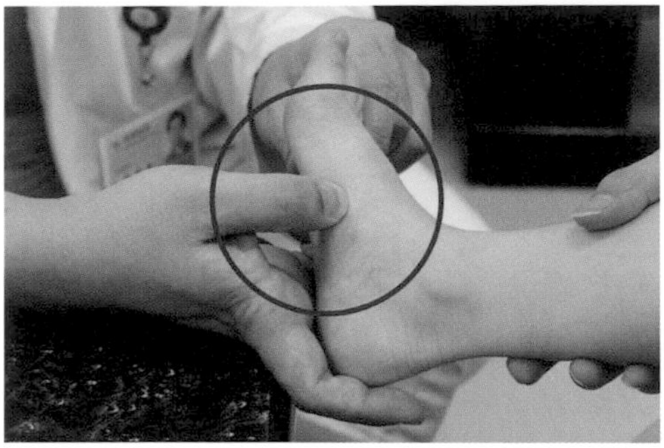

右拇指處，公孫穴。

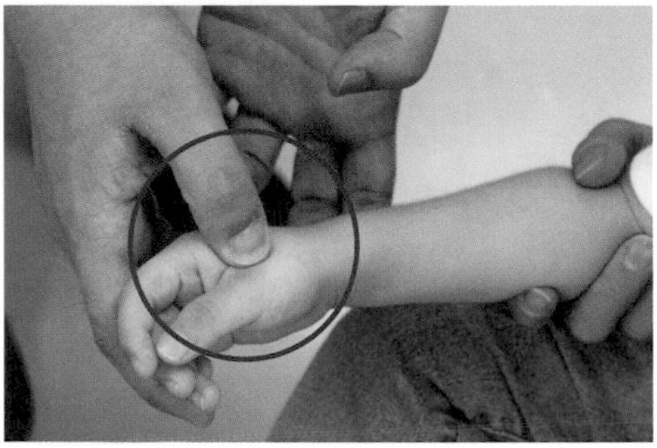

右拇指處，合谷穴。

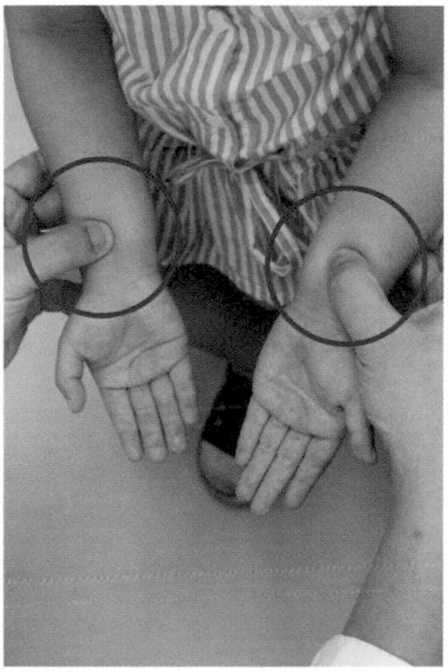

雙手拇指，內關穴。

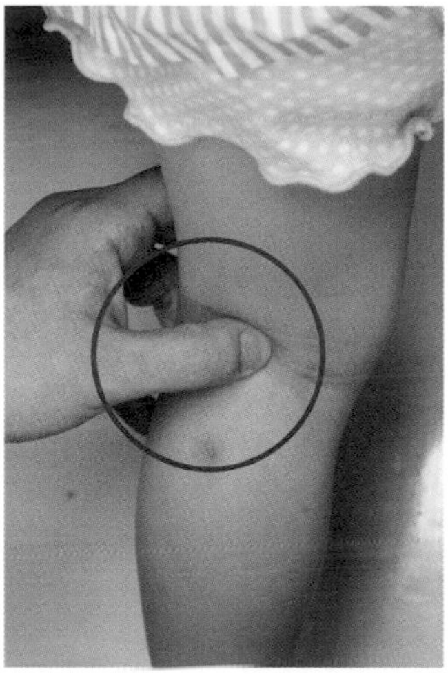

左拇指處，委中穴。

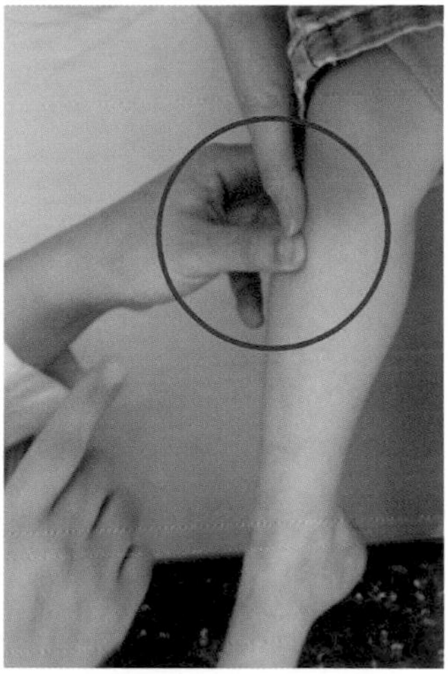

左拇指處，足三里穴。

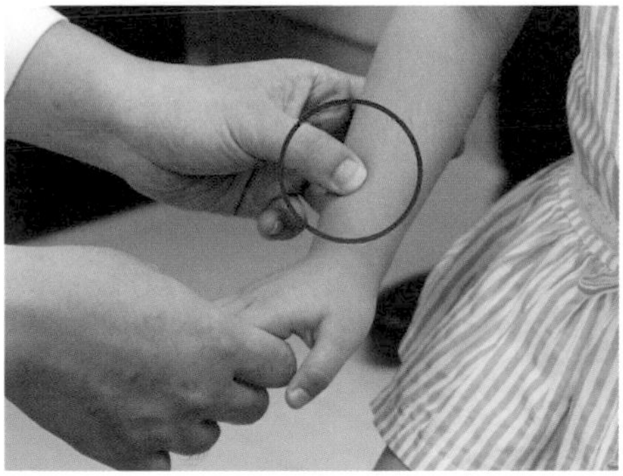

左拇指處為支溝穴。

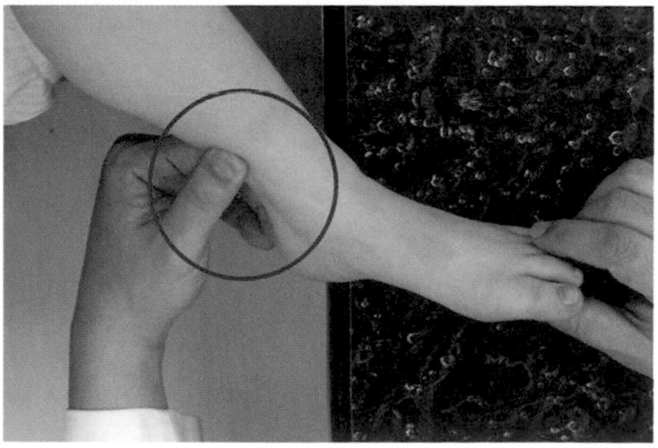

左拇指處，三陰交穴。

陽明大陽經）、肚腹三里留（足陽明胃經）、婦科三陰交（足太陰脾經）、安胎公孫求（足太陰脾經）、腰背委中求（足太陽膀胱經）、內關心胸胃（手厥陰心包經）、脅肋尋支溝（手少陽三焦經）、外傷陽陵泉（足少陽膽經）、阿是不可缺。

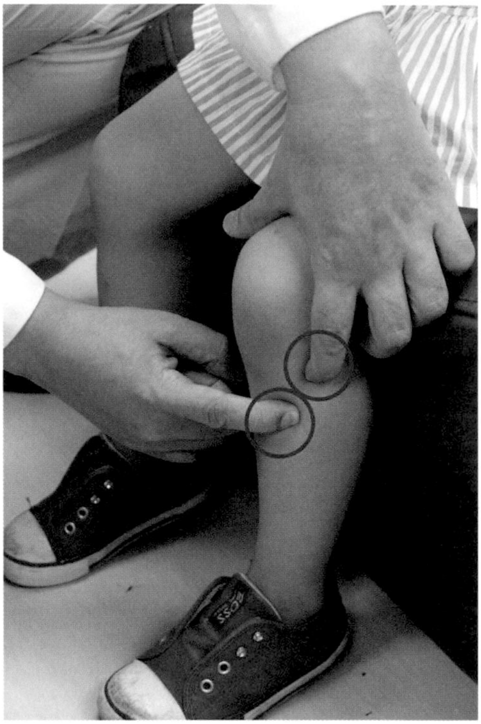

左拇指處為陽陵泉，右拇指處為足三里。

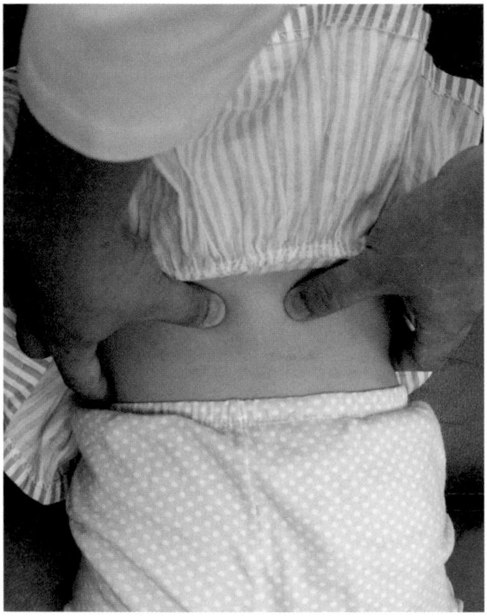

「阿是穴」就是按壓寶寶的痛處，可選用背部脊椎兩側的肌肉部位，當壓到痛處時，寶寶發出「啊、啊、是是、是」這樣的聲音時就是阿是穴的位置了。

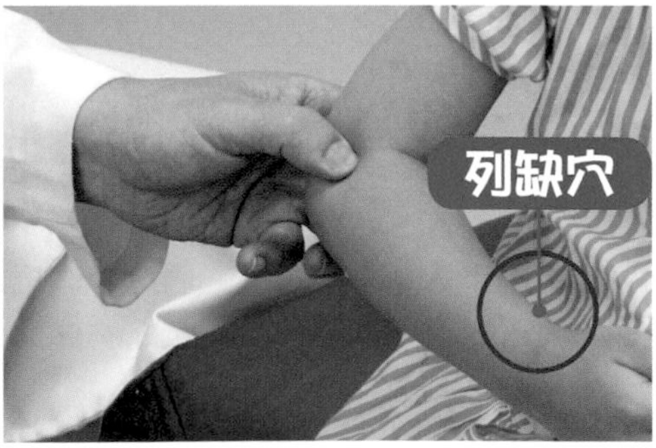

左拇指處為曲池穴。
列缺穴在虎口往上，剛過手腕處。

避免造成牽拉肘

爸媽牽著寶寶走路，因為步伐、速度不同，爸媽的步伐較大、速度較快，而寶寶的步伐小、速度較慢，同時他的關節發育尚未完全，穩定度不夠，骨頭內的生長板還有許多空隙，當步伐不一致，或爸媽牽寶寶時的力度拿捏不當，用力過度，就有可能導致寶寶的關節損傷脫臼，產生所謂的「牽拉肘」、「肘錯位」，也就是學名「小兒橈骨頭半脫位」。

牽拉肘會使寶寶的肘關節保持半屈的姿勢，而且前臂旋在前面，不敢旋到後面，也不能抬舉與拿東西，更不能自由活動，外觀沒有明顯的腫脹和畸形，但如果其他人不小心壓到或

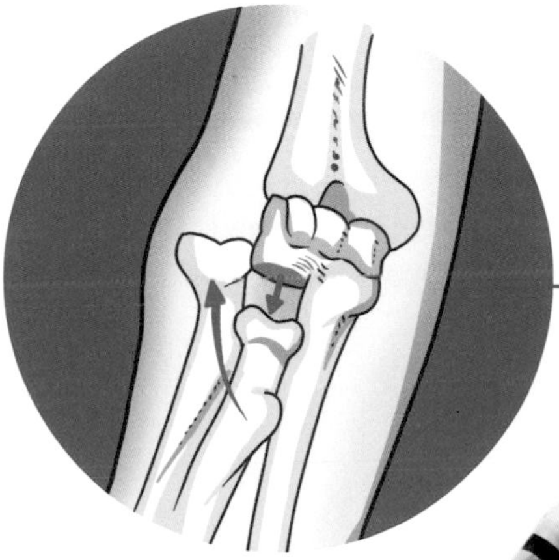

牽拉肘

寶寶的關節發育尚未完全，穩定度不夠，骨頭內的生長板還有許多空隙，關節的形也尚未發育完全，在牽拉他時要注意力道和方向，以免產生牽拉肘。

碰到他的肘關節，寶寶就會啼哭不已或喊痛！因此爸媽在牽寶寶走路時，不要大力擺動手，步伐也不要太快，盡量配合寶寶的步伐，不要因為趕時間而傷害他。

如果寶寶關節已經損傷，該怎麼處理呢？

如果是讓西醫診治，流程不外乎觀察，如果有骨折或損傷嚴重時多半會打上石膏固定，不過固定時間太久，會有僵硬、關節沾粘等問題。

如果是讓中醫診治，通常筋傷會以半開放吊帶、骨傷則以夾板來做固定（換外敷藥時會適度解開，再包扎固定），因骨頭癒合及穩固需要三個月，這段期間內要讓他有充分時間休息，並避免再次受傷。

三歲以前，寶寶的保健原則

平常，爸媽除了要協助寶寶建立良好的生活常規外，還要注意他的身體保健喔！只有寶寶身心健康，才能好好培養他的常規。而關於三歲以前的寶寶身體保健原則，以下有詳述。

■不明原因肚子痛

三歲以前的寶寶有時候會腹痛，但腹痛時又說不清楚，無法描述出確切的位置，當然更說不清楚是腹部有發炎狀況，還是積太多的大便所造成的腹痛，這時就要靠爸媽或醫生的經驗來判斷了。

在求助醫生之前，爸媽可以先自行做個基本的檢測。

※步驟一，摸摸寶寶的肚子，看看是否有硬塊？

※步驟二，按壓寶寶肚子的時候，寶寶是不是會哭鬧？或拒絕爸媽再按壓，又或者按壓到痛點，他會哭的很大聲，如果寶寶表現出一壓就會痛的話，就是腹部有發炎的狀況了。

輕微的腹痛可用食療改善，食用柚子、柳丁、柳丁等水果纖維來促進腸胃蠕動以改善症狀。

※步驟三，仔細觀察寶寶的肚子是不是鼓鼓有脹氣的現象。

一般來說，中醫認為腸胃蠕動就是有氣在其中，是因為這樣而腹痛的話，就用小承氣湯、調胃承氣湯讓他順氣；如果肚子會痛得很厲害，並且按摸起來硬梆梆的，就要用大承氣湯來調理。而小承氣湯、調胃承氣湯、大承氣湯這幾味藥，都有大黃的成分，藥效比較強烈，中醫會斟酌寶寶的病情使用。而麻子仁丸則是用比較多潤腸的麻子仁，大黃的成分比較少，藥效比較沒有那麼強烈。另外，寶寶腹痛也可以用八寶散、驚風散這類健脾收驚的藥，讓寶寶的腸胃順暢並開他的脾胃，然而這類藥物較強烈，使用時要經中醫師診治。當然輕微的腹痛也可以藉由食療改善，如秋冬時節，可以吃柚子、柳丁等水果，夏天則可以吃一些木瓜等水分較多又有果肉纖維質的食物。

■遺傳過敏性皮膚炎

遺傳過敏性皮膚炎除了因濕熱而引起濕疹外，也有虛寒型的遺傳過敏性皮膚炎，異位性皮膚炎或是過敏性皮膚炎，虛寒型的遺傳過敏性皮膚炎的人手腳會冰冷，皮膚炎的症狀是一塊一塊的。

這種皮膚炎有的可能是因為飲食不當所引起的，因此在飲食方面最好做一個調整，飲食最好簡單不要太複雜，少吃油膩食物，不碰糖果、餅乾、巧克力。想要緩解皮膚炎的症狀，可使用生薑稀飯加點鹽或黃連甘草水，或用藥慢慢調養，也可以飲用薄荷、菊花、金銀花，或泡薄荷、菊花、金銀花藥浴。當然，也可以靠按摩緩解，穴位是合谷、曲池穴。在中醫來說，過敏性皮膚炎是因為汗出不徹，所以按壓這兩個穴道會很痛，還會出汗。

流鼻血

流鼻血的原因一般來說是因為肺熱，而肺熱的原因則有兩個：一、體內的熱，二、外在的寒。內熱的原因則有：因感冒的發燒、休息不夠火太大、吃太多上火的東西；外寒則是天氣冷、喝冰水，也會造成流鼻血。

如果是火氣太旺而導致流鼻血，這通常是身體排熱的最後一條路，因為一般人在經過運動、大便後就能把熱排出，但是要靠流鼻血排熱，是因為體內的熱太多，身體不得不用這樣的方式來排出燥熱。這種情況常見於胖胖的小孩。

還有的寶寶喜歡揉鼻子或挖鼻孔而流鼻血，中醫認為這是因為刺激導致血管腫脹，並收縮，而後出血帶走熱量。因此通常流完鼻血，身體會變虛，並感到疲累。

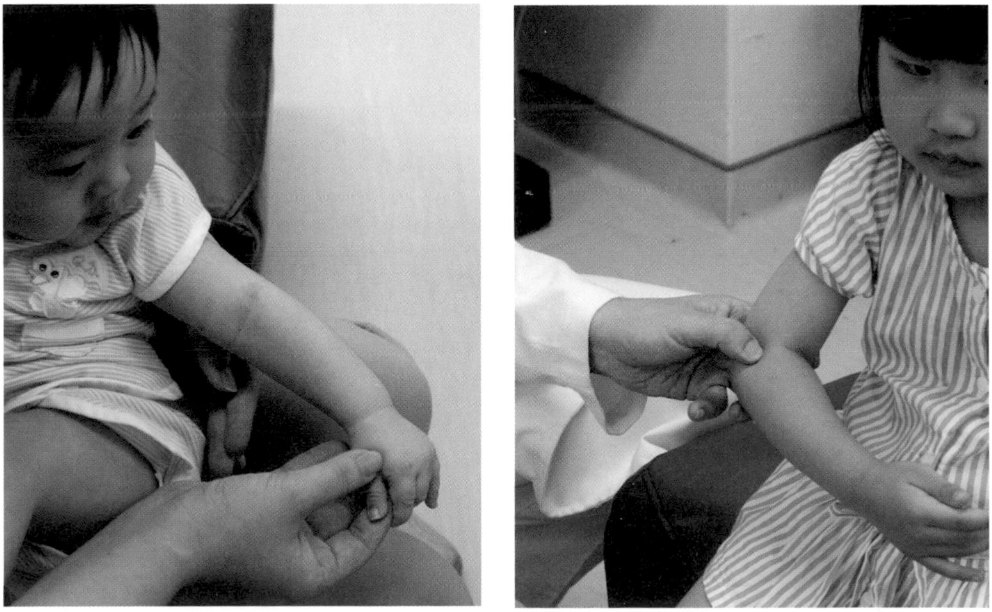

皮膚炎的人易出現手腳冰冷等症狀，按壓曲池穴和合谷穴時常會出現痛感和冒汗的現象，左圖合谷穴（寶寶虎口處），右圖曲池穴（寶寶手肘處）。

流口水

在中醫而言，流口水多半是因為脾胃虛寒所引起，如果寶寶有流口水與磨牙的症狀，通常都是腸胃有虛寒的情形。除了醒著的時候會流口水與磨牙外，如果寶寶晚上睡前喝完牛奶睡覺時會流口水，也是腸胃虛寒。有時也會鼻涕倒流，不過比較少見。因為鼻涕倒流會伴隨著鼻子的症狀，幼兒流口水與老人流口水都是因脾胃虛所引起的。

飲食上要盡量吃溫熱的食物，避免吃冰與寒涼性的食物。但是也不要因為虛寒而吃燥熱的食物，只要適中就好。也可以適量補充水分，但不要灌冰水，因為這麼做就像在一個燒得很熱的鍋子上澆下冰水一樣，鍋子很容易就龜裂。

晚上給寶寶吃生薑稀飯，水分不要太多，晚上也不要讓寶寶吃太多東西，以免損傷腸胃。爸媽有空時，可以沿著寶寶的嘴角按摩，每次按摩半分鐘。

手足口病（腸病毒）

「腸病毒」是一大類病毒的總稱，包括有「小兒麻痺病毒」、「克沙奇（Coxsakie）」、「伊科（Echo）」及一般腸病毒三大項，因為這些病毒都可經由腸道引起感染，引發手口足病、咽峽炎、無菌性腦膜炎、肢體痲痺症候群、流行性結膜炎、心肌炎等。

一般來說，得到「手足口症」，口腔的後部、手「掌」、腳「掌」會出現水泡、潰爛，在膝蓋與臀部也時常看得到相同的水泡。如果只有口腔「後半部」出現水泡，就稱為「咽峽炎」。

中醫對於手足口症在發作時的處理模式和西醫一樣，盡量讓生病的寶寶少與外界接觸。中醫會用金銀花、連翹、蒲公英、板藍根、黃連、石膏等比較涼的藥材，經醫師處方，讓寶寶服用，也可以讓寶寶以特製的漱口水勤漱口，只要吃得下，可以排便，就會比較快恢復。

另外建議爸媽在接觸寶寶之前一定要用肥皂徹底洗手，保持室內空氣流通，同時不要讓寶寶吃燥熱刺激辣的食物，也要禁止寶寶吃糖果、餅乾、巧克力，因為手足口症有一個病程，感染病毒之後二至十天以後才會出現症狀，最怕吃不下，又發燒而變成重症。

在流行的時候，要盡量避免帶寶寶外出，並養成規律作息，增加他的抵抗力。如果感染手口足病，一定要盡快就醫，無法單靠飲食作息來改善。

Tips　特製漱口水

金銀花、板藍根
製作法：各一錢，水 300C.C.，
煮滾，放涼，濾渣。

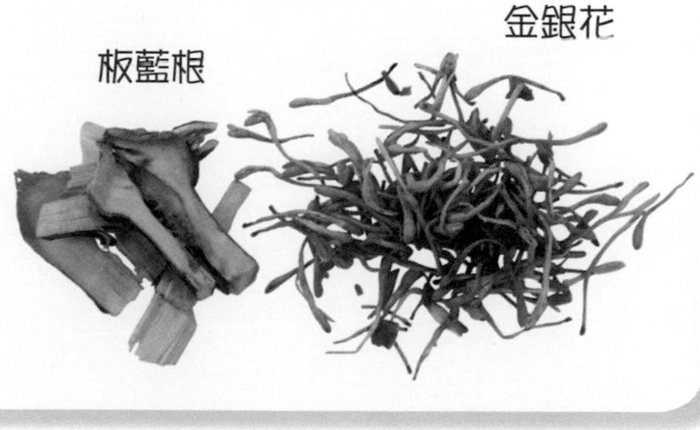

病癒後的寶寶更要注意

有些爸媽會覺得，寶寶生病很辛苦，又傷元氣，病癒了應該幫寶寶補一補，關於這點中醫也有一套道理：一般來說，西醫認為只要吃了藥物就能減輕病症，症狀好像沒了，這就叫病癒。但以中醫的角度來看，這個階段並不算病癒，因為病邪還在體內，元氣尚未恢復。在這段期間，若再度受涼，或是休息不足、飲食不潔、不節制、不恰當的話，病症還是有可能反覆發生，不可忽視嚴重性。

病好了，還是要調理身體

治療疾病及調理體質時，中醫會先以中藥照顧寶寶的元氣，這不是單純的補，而是在用藥時隨時注意藥物、食物間是否會損傷寶寶的元氣，所以偶爾會酌加黨參、黃耆等補益藥物，調理治療的過程也可能讓寶寶出現一些症狀，諸如原本不會咳嗽的症狀又出現了，很多父母看到這樣的狀況就很擔心。事實上，如果咳嗽的出現是代表不好的現象時，應該會伴隨其他不好的症狀，諸如又發燒了、胃口又變差了、體力又下降了等，但往往會發現，寶寶的咳嗽是愈來愈少了、伴隨的痰也減少而痰色也不再那麼黃，也沒有發燒、胃口也不錯，活動力也還好。此時是因為寶寶的元氣出來，把體內剩餘的病邪排出去了。等調理一陣子後，抵抗力就會比以前好，以後感冒、生病在同齡小孩中絕不會是第一名。

如果寶寶身體尚未恢復，病邪還在體內，提早給寶寶吃補（粉光參、黃耆、雞精、糖果、巧克力等），會使病邪無法排出，反而更糟。因此寶寶若是感冒了，千萬不要冒然進補。

以中醫的角度來看，小孩子是不需要吃補的，除非是常常感冒、生病，又缺乏中藥調養或無法調理，才有可能讓寶寶適當吃補。如果想讓寶寶吃補，一定要讓中醫把脈診斷，根據寶寶的體質、狀況來做調理。

喝水，別喝果汁

在餵食寶寶喝水時，應選擇白開水。不宜提供市售的天然果汁，因維生素常常遭到破壞；而寶寶喝了碳酸飲料會引起腹脹和飽感，進而影響寶寶對食物的攝取量；含有咖啡因、茶鹼和防腐劑、色素的飲料更不適合寶寶攝取，同時含糖量高的飲料會造成寶寶過胖。因此爸媽如果是為了寶寶的健康而選取飲料的話，還是選用最簡單的白開水就好。

POINT!!

寶寶瘦了！要不要補回來？

通常中醫碰到消瘦的寶寶，如果沒有感冒，多半會用五味異功散，幫助寶寶解決吃不下、食慾不佳的症狀，並使他的腸胃功能恢復正常，不過以上處方需中醫診斷處方。爸媽可以協助寶寶的是，吃飯前後可適當吃點山楂、陳皮，當寶寶肚子餓的時候能夠即時提供他正確的食物、陪寶寶吃飯，使他的腸胃的功能慢慢的改善。

定時讓寶寶飲水，就是讓他口渴的時候喝水，以室溫（攝氏二十五度）或微溫（略高於攝氏二十五度且不燙口）的水為佳，或感冒生病時適當喝水，避免讓他喝冰水而阻礙元氣。另外一早起床、運動後、睡前的半小時內，不宜猛喝水，以免損傷胃氣。

其實要觀察的是寶寶口渴時會不會自己找水喝？有的小朋友可能會因玩得太過頭而忘了喝水、有的是習慣少喝水，也有的是因為吃太多水果已經有水分的補充了，所以喝水的量就會減少。要養成寶寶定時飲水時，這些因素都要考量進來，也就是吃進來跟排出去的量必須差不多，這樣就不會有什麼問題。如果爸媽沒有把握用目測觀察得知寶寶一天應喝多少水，也可以參考以下公式自行換算。通常每天補充的飲水量應控制在一千二百（ml）以內。

POINT!!

一至三歲寶寶需水量（ml）：
體重（kg）×128（ml）

此外，有人建議寶寶感冒時要讓他多喝水，但以中醫的角度而言，只要寶寶吃得下、睡得著，且在正常的飲水量之下，就不需要額外過度補充水分。感冒期間如果沒有胃口，不想喝水也可以減量，以避免腸胃負擔。但是爸媽必須觀察寶寶嘴唇的狀況，如果是腸胃機能損傷，腸胃型感冒感冒，病邪在腸胃，喝太多水反而不好，反而容易誘發寶寶嘔吐發生。寶寶嘴唇若較乾、有皸裂的現象，應該用棉花棒沾水潤唇。另外，寶寶在感冒期間的飲水量，可以觀察寶寶出汗、排尿的狀況決定，理論上，感冒期間使用中藥或西藥治療理，寶寶應該是微微出汗，而非大量出汗（可觸摸衣服感覺），這時要適當補充水分；也因為出汗的關係，小便的量可能較少些、顏色可能微黃些，這些都屬於正常（可由馬桶或寶寶的尿布來看），如果感冒症狀已經稍為減輕，但尿色還是很黃，就要多補充些水分，不過仍舊要觀察寶寶的小便的狀況是否正常，否則也不應一味地讓寶寶喝水，因為可能影響到腎臟。

四君子湯

黨參、白朮、茯苓、甘草。

作法：上述藥材各十克，用水 400C.C. 煮開，轉小火續煮至兩百 C.C.，濾渣，溫熱飲用。

五味異功散

四君子湯加陳皮

作法：黨參、白朮、茯苓、甘草、陳皮各十克，用水 400C.C. 煮開，轉小火續煮至 200C.C.，濾渣，溫熱飲用。

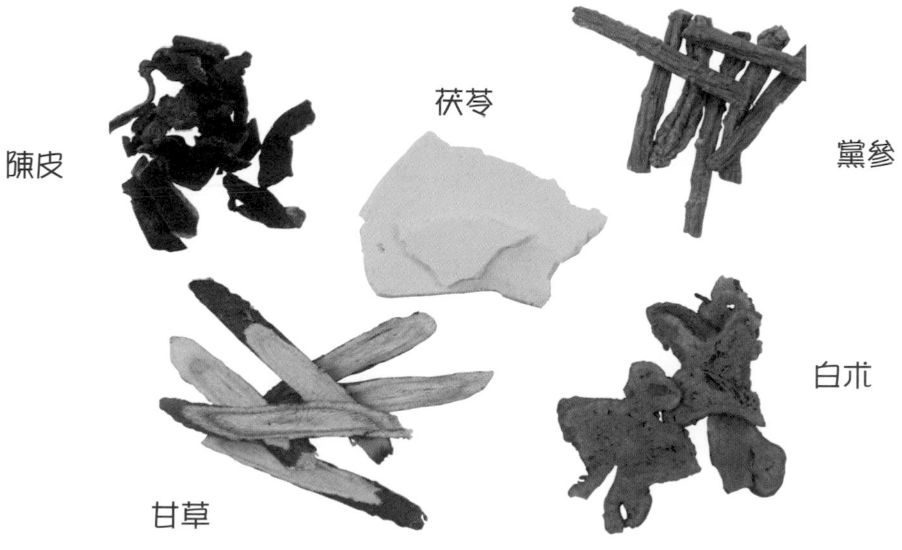

5

國小以前，為寶寶打好身體底子

幼稚園至國小中低年級的照顧之道

小朋友上了幼稚園之後開始進入學校學習，並經歷團體生活。從團體生活中小朋友學到許多社會化的行為，活動量也漸漸變大，當然生活習慣也不再像以往純粹由父母家人來主導，會受到師長教導和其他同齡小朋友的影響。此時，父母不僅要幫小朋友維持良好生活習慣，還要幫他拒絕壞習慣的誘惑。當然，團體中的流行疾病也不少，怎麼照顧小朋友的身體健康，也成了爸媽心中重要的課題。

幫小朋友適應環境

小朋友上幼稚園後，最大的改變就是與原有的作息不再一樣了。首先，他必須適應幼稚園上學、放學的時間，到了學校之後，供餐時間也不一定和家裡的時間相同，同時學校規定要午睡等諸如此類的問題，小朋友不得不調整自己的生理時鐘，去配合學校的作息時間。面對這樣的問題，爸媽又該如何幫助小朋友去適應環境呢？

配合學校作息時間

爸媽都知道學校有學校的作息時間，所以從小朋友上幼稚園開始，有些爸媽就把小朋友「丟」給學校，讓學校的師長來「教」小朋友正確的生活習慣。然而，這卻是極不正確的觀念。

因為小朋友有個別差異的問題，有些小朋友在家裡睡眠充足，不想午睡；有些小朋友因為在學校的午睡時間睡得很好，晚上卻睡不著；有些時候大人晚睡，小朋友也跟著晚睡，早上小朋友該起床，卻爬不起來睡過頭……

所以，如果期望小朋友能夠有正確的生活習慣，能很快的適應學校的作息，做爸媽的我們，就要注意小朋友晚上上床的時間，讓小朋友睡眠充足，要是小朋友偶爾睡過頭，有起床氣，也要適時安撫他的情緒，免得造成小朋友的壓力。

■大人要以身作則

以中醫的觀點來說，不管小朋友是否上學，他的作息時間都應保持日出而作、日入而息的習慣，而且最好能夠晚上九點陪著小朋友睡，睡到自然醒。早上起床時還能自然的感受到光線而自動醒來，因此小朋友的臥房最好不要拉上窗簾，使太陽光可以直接照進來。而且當小朋友起床時，爸媽一定要以身作則，也要一起起床，這樣才能培養小朋友良好的生活習慣。

■睡眠時間要足夠

幼稚園和國小的校園和教室比家庭寬敞，小朋友的活動空間也跟著變大了，自然活動量也跟著增加，有時候小朋友還會因此變得太興奮，甚至會出現活動量過大，體力透支的狀況。這時候，爸媽可能要注意小朋友的睡眠時間是否足夠，是否每天都睡眠充足，否則到學校活動時可能會有精神不濟的情況發生。

調理體質，適應規律作息

以中醫的觀點來說，小朋友是否能培養規律的作息，這與小朋友的體質有關。

有些小朋友不用特別教導，每天就生活得非常規律，既不會賴床也不會哭鬧，但有些小朋友卻怎麼教也教不來，不僅賴床還會哭鬧。以中醫的術語來說，就是「營衛不合」，這是因為腸胃系統和抵抗力系統不配合所引起的。如果小朋友有這個現象，中醫會依據五臟六腑的強弱去做調整。

當小朋友進入團體生活，既要適應環境，配合學校作息，又要花心思學習課業，還要鍛鍊身體，消耗大量體力，有的小朋友還因此適應不良，或需要比較長的時間去調適自己，如果爸媽或師長無法協助小朋友改善身心上的不適，也可以尋求中醫調養，偶爾可用黨參、大棗、枸杞，煮吻仔魚粥作

Tips

小朋友出現「營衛不合」也就是營養供應與抵抗力不協調的現象時，爸媽可以從環境上著手，幫他布置一個舒適的環境：維持室內不髒不亂，光線明亮充足，秋冬時節，室內溫度一定比室外高，這樣小朋友就不用在室內穿著厚重的衣服了。讓小朋友待在安全舒適的環境中，他的身心狀態較能平衡，也不會出現過於頻繁的起伏狀況。另外，冷氣、電風扇不要直吹到他的身體，也不要讓他過於勞累，更不要讓他喝冰水或冰涼的飲料。

早餐。一杯米、兩片生薑（嫩薑，水薑）切絲（註：冬天有些時期沒有生薑，可用老薑（薑母）來替代，但用量仍不宜太多）、吻仔魚十五克、黨參三克、大棗二至三粒、枸杞十餘粒，不要煮太稠，以上述的量煮起來約四碗，小菜簡單清淡即可，大家一起吃，小朋友才不會覺得有壓力。

■ 拒絕零食誘惑

小朋友在幼稚園階段，最明顯的改變是食物種類變得比以前更多元，面對糖果、餅乾的誘惑也比以前來得多，不僅學校師長會用糖果、餅乾當作獎勵，同學生日也會送上糖果、餅乾、巧克力、蛋糕等，甚至有些醫生也會用糖果、餅乾來哄小朋友。

和過去的小朋友相比，現代的小朋友過於容易取得糖果、餅乾、巧克力等甜點，甚至冰涼飲料或油炸速食類食物，但這些食物並不營養，還會阻礙小朋友消化系統的空間，如果吃多了這些食物，正餐就吃不下了。

家長或老師在給小朋友吃零食前，要先考慮一下是不是會影響到孩子吃正餐。

■用餐要定時定量

如果家庭用餐時間不定時或晚餐開飯時間太晚，延後到七、八點，甚至到八、九點才吃晚餐，許多父母都會先給小朋友吃些點心來解飢，這也會影響小朋友的腸胃機能。

如果小朋友的早餐習慣食用外食，喜歡吃些炒麵、三明治、果汁、含糖飲料等重口味又不太營養的食物，或是到了早上九點多，抵達幼稚園或國小後才吃早餐，這樣會使小朋友的生活作息混亂；又或在家六點多吃早餐，九點多時在學校吃不下東西，卻被老師說小朋友胃口不好。如果長期以來都是如此，再加上無法定時定量，腸胃功能必定變差，導致消化吸收不好，胃口不開、食慾減弱、便祕、大便不成形、吃完就想上，或腹瀉等狀況。

因此為了小朋友的健康著想，一定要讓小朋友養成三餐定時定量的習慣。就如前幾章一再強調的觀念，小朋友的食量就如一至兩個拳頭般的大小。如果食量過大，再加上吃飯又配湯水，就容易就造成腹瀉，而小朋友的身體也必定受到影響。同時爸媽不要認為孩子大了，就疏忽觀察小朋友的排便情形，這在孩子照養上還是得列為首要，每天都要注意小朋友的排便時間，還有顏色、形狀、大小、成不成形等。這樣才能了解他的身體狀況。

小朋友愈大，病愈多？

「自從寶貝上了幼稚園，一天到晚在感冒，才剛好，一去上學就又被傳染了……」相信即便是新手爸媽，也大概聽過這種過來人的經驗之談吧！

沒錯，一旦小朋友離開了爸媽的保護，到另一個團體裡生活，就很難避免疾病的襲擊，想讓自己的小朋友「與眾不同」，可以不要上一天課，而改休一個星期的病假，趁這段時間好好打理寶貝的身體，有了強健的體質，即使再強勁的細菌，也會「不得其門而入」。

感冒、咳嗽、喉嚨痛、中耳炎

常感冒與人的體質有關，通常一般人感冒後七天自身就會產生抗體，第二次若不小心得到相同的病菌所引起的症狀時，只要三天左右，上次產生的抗體就會出來對抗病菌了。中醫便是以這個觀點來做治療的依據，以維護小朋友的元氣為優先，再依據病症表現（寒／熱）及個人體質來用藥治療，讓小

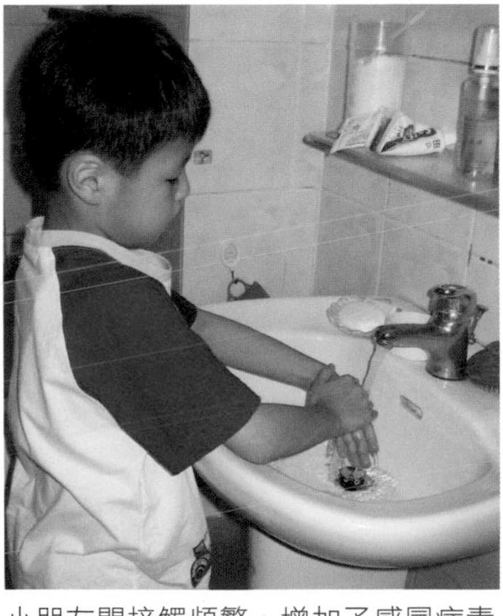

小朋友間接觸頻繁，增加了感冒病毒感染與傳播機會，因此爸媽應教導小朋友勤洗手，不碰眼鼻口的衛生習慣，以培養小朋友強健的體質。

朋友的抗體能順利出現。換句話說，一旦感染感冒，最重要的絕對不是壓制住感冒的症狀，而是先讓自身產生抗體，這樣就不會發生反覆感染的問題了。

同時，中醫認為一般人在季節轉換、氣候變化時，身體也必須適應環境，有時候身體為了適應環境，抵抗力會變弱，而產生常感冒的錯覺，倒不一定是被別人傳染了才感冒的。

有些小朋友感冒，會有喉嚨沙啞，動不動就咳嗽症狀。就中醫來說，這是身體有寒氣，或是因為腸胃虛弱有濕氣所引起的。因為痰是從腸胃而來，必須以健脾散寒除濕的藥物來改善症狀。如果小朋友有咳嗽的症狀，在生活習慣上也必須配合，倘若一邊吃中藥調理，也一邊吃糖果、餅乾、巧克力等，就會影響到藥效，使調理時間拉長。若有發燒喉痛咳重鼻涕黃的，多屬發炎熱證，可用寒涼性的板藍根、金銀花、連翹等中藥材，但須在中醫師的處方下調理。若沒有上述症狀，而僅是鼻水清清、噴嚏反覆等過敏抵抗力弱的症狀時，則會用桂枝湯系列的湯藥調理。

保暖很重要！感冒時，不要讓孩子吹到風。注意小朋友頭部和頸部的保暖，必要時要讓他戴口罩。

此外，如果有小朋友喉嚨痛、中耳炎的情形，中醫也會以清熱降火的藥物，如上述的板藍根、金銀花、連翹。另外要提的是，有人說中耳炎會引發耳聾，那是早期的西藥的副作用較大、醫師配合父母要求而用藥較強、醫療環境及住家衛生環境又不夠好，才可能發生這種狀況。以現在的醫療水準來說，只要不延誤就醫，不道聽塗說、不聽信偏方，平常多關照小朋友的身體，中耳炎變成耳聾的發生機率極低。

如果小朋友有感冒的症狀，不論是否已在服用中藥或西藥，在飲食調理上還是以生薑稀飯為主，中午之前不喝冰涼飲料，傍晚之後不吃烤炸油膩的食物，睡前不吃零食。另外爸媽要叮嚀小朋友在食用生薑稀飯時，記得要把薑絲一起吃下才有效喔！

鼻子過敏

「阿啾！」有些小朋友動不動就會流鼻水、打噴嚏，有些小朋友一早起來噴嚏就打個不停，看著小朋友一把眼淚一把鼻涕的，做爸媽的真的是心疼不已。

以中醫的觀點來說，一般人流鼻水、打噴嚏，是身體對外在環境的正常反應，除非有人的反應特別明顯才是過敏。這個狀況就像當環境充斥著髒空氣時，每個人吸入髒空氣都會打噴嚏，反而是不打噴嚏的那個人有問題，但如果空氣變清新乾淨了，大家都不再打噴嚏，而那個還會打噴嚏的人才是「過敏」。但是現在有些爸媽太關心小朋友的健康，只要一看到小朋友流鼻水、打噴嚏就以為孩子過敏，其實小朋友不是真的過敏，而是過敏這個詞被濫用了。

虛寒體質的小朋友

濕濕的鼻腔裡
常有鼻水。
容易喘。
蒼白的臉部
皮膚。
紅紅的鼻頭
和嘴唇。
一動就全身
出汗。
濕濕冷冷的
手心。

小朋友會鼻子過敏，大多是因為長期吃太多寒性食物或是藥物，他的外表特徵很容易辨識，那就是臉部皮膚通常很白，只有鼻頭和嘴唇是紅的，手摸起來濕濕冷冷的，鼻腔裡面好像常常有鼻水濕濕的，稍微一動就全身容易出汗且較容易喘的感覺，稱之為虛寒。

對這樣的小朋友，中醫會針對虛寒體質給予藥物如小青龍湯，現今多以科學中藥粉劑來服用，小青龍湯是由麻黃、芍藥、乾薑、五味子、甘草、桂枝、半夏、細辛所組成；如果是裡寒明顯的小朋友，會以麻黃附子細辛湯（現今多以科學中藥粉劑來服用。組成：麻黃、附子、細辛）來改善；若是伴隨嚴重手腳冰冷的小朋友，就會用到四逆湯（現今多以科學中藥粉劑來服用。組成：甘草、乾薑、附子）；倘若伴隨有腹瀉症狀的，就會給予附子理中湯（現今多以科學中藥粉劑來服用。組成：附子、黨參、乾薑、甘草、白朮）；如果是肺胃有熱的，會用麻杏甘石湯（現今多以科學中藥粉劑來服用。組成：麻黃、杏仁、甘草、石膏）；若是肺胃有熱卻不會很嚴重的，就會用川芎茶調散（現今多以科學中藥粉劑來服用。組成：川芎、荊芥、白芷、羌活、甘草、細辛、防風、薄荷）；或者喉嚨已經有熱痛現象的，則會用銀翹散（現今多以科學中藥粉劑來服用。組成：連翹、銀花、甘桔梗、薄荷、竹葉、生甘草、荊芥穗、淡豆豉、牛蒡子）……以上各種中藥湯劑都需根據醫師診治後才能使用喔！

雖然以上藥方可以自製，但使用上有些注意事項，仍宜請教中醫師。若要自行服用，在對證下藥的前提下，每次劑量約小朋友的年齡除以三，一天最多用兩次。

為什麼中醫講究的是調理小朋友的體質而不是壓抑鼻子過敏的症狀呢？這是因為以中醫的觀

點來說，小朋友的抵抗力來源自腸胃對食物的消化吸收，但背後有一種無形的先天元氣——「腎氣」，腎氣是不能靠「補」的方式取得的，它在身體中的作用就像小小的火種，會慢慢發旺而變成小朋友的元氣。

也就是說，小朋友的元氣只能靠自己生成。如果元氣無法形成，身體就無法產生足夠的抗體，而當元氣不足的小朋友碰到各式各樣的過敏原時，過敏的症狀就會越來越嚴重，這時如果只壓抑症狀，根本的問題還是無法解決。

至於中醫強調人要補，這是因為有的人本身體質較弱。如果需要補，則要用藥補以調理人的氣。當然所謂的補並不是吃大魚大肉，這和西醫用維他命丸來補人體缺乏的維生素也不一樣。

氣喘

小朋友氣喘的原因不外乎下面兩種情形：因為吃了很多寒涼的藥物或食物造成身體虛寒，或者因為感冒嚴重，喘咳的很厲害，而引發了氣喘。

為什麼身體虛寒會造成氣喘呢？虛寒體質引起的氣喘，在中醫來說，心肺屬於陽氣旺盛的地方，若吃太多寒涼的藥物或食物，心肺陽氣會不足，因而出現了心悸、胸悶、喘咳等症狀。長期下來，因為心肺陽氣不足，氣喘因而形成。

至於感冒這種熱性病邪進入體內，會與小朋友純真的陽氣，俗稱：屁股三斗火的元氣相互作

避免氣喘發作

用，這很容易高燒，身體摸起來就像是火爐，於是使得體內有過多的火，身體就想要把這些火藉著呼氣排出體外，但氣管或鼻子通道的空間狹小，一時要讓所有的火氣都從這條呼吸道排出，反而會造成擁塞，身體只好用快速呼吸，收縮胸部或頸部肌肉，擴張鼻孔的方式迫使火氣加速通過，因而造成氣喘的現象。

因此中醫主張對於熱性的氣喘，療法是用清熱、發汗、利水的方式，幫助身體把火氣排出去，而不是用藥物迫使肌肉和氣管放鬆、呼吸變緩以壓抑氣喘的症狀。一般來說，中醫會用麻杏甘石湯來治療。

對於寒性的氣喘則用溫熱性的藥材，例如苓桂朮甘湯（組成：茯苓、桂枝、白朮、甘草），或者病情較輕的小朋友則用比較溫和的柴胡桂枝湯、小柴胡湯（小柴胡湯組成：柴胡、黃芩、人蔘、半夏、甘草、生薑、大棗。柴胡桂枝湯即為小柴胡湯加上桂枝湯）。使用這些藥物一定要中醫師先辯證，不可擅自用藥，因為不當用藥可能會讓火氣更大，或澆熄小朋友的元氣，變成腸胃不好、胃口變差。因此在用藥之前都要經醫師醫囑再做服用。

還有些人主張以服用枇杷膏來改善氣喘、感冒，但以中醫的觀點來說，枇杷膏潤肺，治療喉嚨乾癢的現象，但對於清熱、降火並無實質的幫助，因此在氣喘或感冒嚴重時服用枇杷膏不太會有效果。

除了內服藥物外，還可藉由三伏貼或三九貼的方式來改善體質，以減少氣喘的發作。

三伏貼、三九貼是在貼什麼？

三伏貼是輔助虛寒體質的小朋友，調理氣喘、鼻子過敏問題的一種方法。

通常體質虛寒的小朋友容易冒汗、手腳冰冷、抵抗力弱，胃口不好，臉色較青，動不動就感冒，看起來很虛弱，夏天的時候還要穿長袖，這種狀況叫虛寒，往往容易有鼻子過敏及氣喘的病症。

像這樣的小朋友，中醫會在一年當中最熱的時間、以最溫熱且入肺經的中藥材，敷貼在肺部穴位，治療肺部的疾患，幫助小朋友改善虛寒體質。

以氣喘為例，除了內服藥物之外，還可藉由三伏貼或三九貼的方式來改善體質，以減少氣喘的發作。

中醫會幫小朋友貼在背部脊椎兩側管理肺的相關穴位，針對身體比較弱的孩子再加貼在腎俞上，或是對脾胃比較弱的小朋友加貼在脾俞的位置，而絕大多數的三伏貼會貼在肺、脾、腎俞上，因為這些穴位管到身體的氣、以及調整胃口不好、吃不下、常感冒、抵抗力弱的體質。

由於這些藥材較溫熱，大人敷貼時間上限為四小時，小朋友敷貼時間上限為三小時，若皮膚敏感的（即容易起藥物疹的），可再各減一小時。

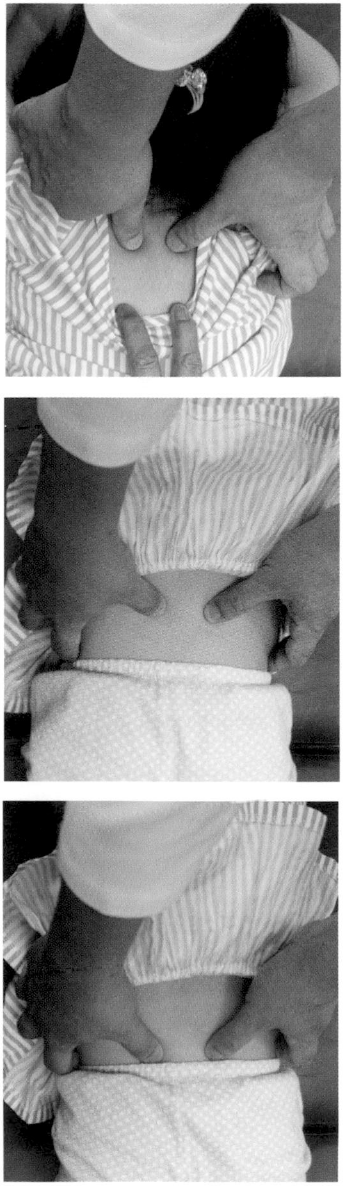

大多數的三伏貼會貼在肺、脾、腎俞上。（上圖為肺俞，中為脾俞，下為腎俞。）

■為什麼叫三伏呢？

所謂的三伏就是一年中最熱的三天，即夏至之後的三個庚日，算出來的時間大約會是在暑假的時候，而這三天中醫院所會以公告來告知是哪三天，以讓民眾知道。不過中醫所算的最熱的三天時間，與氣候上所感到的最熱並不相同，還是以曆制為準。

■三伏貼一定有效嗎？

三伏貼是針對虛寒性體質及過敏氣喘症狀而設置的，需要每年三伏天各貼一次，持續三年（共貼九次），效果才會明顯。若沒對證或中斷，自然效果打折。要讓小朋友的身體真正有所改善，還是必須經過醫診，了解身體狀況後再以藥物調理。

另外要提的是，小朋友在貼三伏貼時要考慮到他們的皮膚狀況，同時做三伏貼時皮膚會產生色素沉澱的狀況，因為小朋友的皮膚都很細緻，而三伏貼中的藥物有一些是具有刺激性的，如果貼久了皮膚也可能無法承受刺激而潰爛，因此要注意貼的時間，以避免造成皮膚過敏。

另外也有所謂的三九貼，這是在十二月底、一月初的時間，也有合適做穴位敷貼的時間，除了時間上與三伏貼有差異之外，其他原則大致是相同的。

打呼嚕

正常來說，小朋友是不會打呼嚕，一般小朋友會打呼嚕大多是因為鼻水塞住鼻子，或是肥胖造成的。如果是前者，只需要把鼻水擤掉就好，若是後者，肥胖型的打呼嚕，體重一旦管理好，就能得到控制，但少數則可能是因鼻中隔彎曲或鼻瘜肉肥大所引起的，若想接受這種矯正手術須等小朋友大一點再做，手術後仍建議用中藥調理，否則症狀很容易又出現。

打呼嚕其實與抵抗力的強弱也有關，只是不同的症狀表現，中醫認為打呼嚕如果是因感冒引起的，就要先治好感冒；如果只是因為體質虛弱的話，當然可以從強化小朋友的體質著手，強化時可以從腸胃或從肺，從肺著手的話可以用粉光參及珠貝磨粉服用（日劑量宜諮詢中醫師），這是屬於比較顧氣管的藥；但如果是要強化小朋友腸胃的話，就要用一些腸胃藥或是調和營衛的藥，如小建中湯（組成：桂枝、甘草、大棗、芍藥、生薑、膠飴）；如果單純是肺陽不足的話，就以苓桂朮甘湯加味；如果在感冒的階段比較多見流鼻水，甚至鼻涕倒流、咳嗽，這就是外在病菌引起的問題，按照證型用中藥治療即可。

顧氣管的中藥材

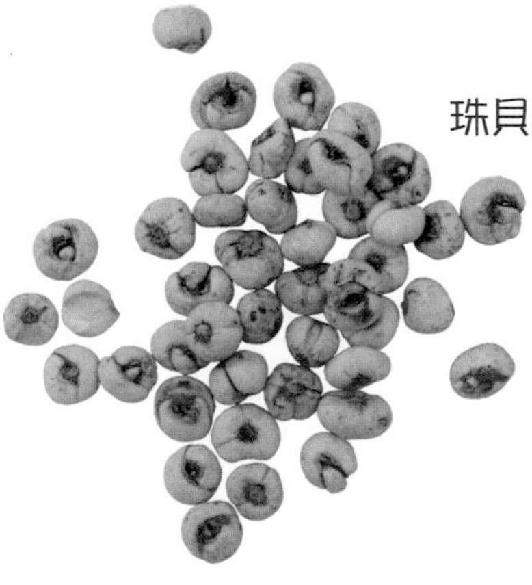

編注：劑量請詢問過合格中醫師。

過瘦或過胖

體型過瘦的小朋友，通常是因正餐時間不吃，或是常在吃飯時喝了太多的湯湯水水，阻礙腸胃等消化系統的空間，影響消化機能。再加上喜歡喝冷飲，或飲食營養不均衡，或刻意節食減肥，都有可能讓情況更惡化。還有的小朋友因為課業壓力過大，也會使他胃口不好，這時候爸媽除了針對小朋友體質，照顧他的飲食習慣外，也應注意小朋友的心情變化，秉持著賞而勿罰的原則，讓小朋友在愉快的心情下用餐，也能改善過於消瘦的問題。

至於過胖的小朋友是否需要減肥，以中醫的角度來說，除非是已經胖到病態，否則在成長階段都不適合減肥，成長期間都需要能量，不應抑制他進食，爸媽只要限制小朋友，按時吃正餐，不要讓他吃太多有熱量沒營養的食物即可，並且多鼓勵小朋友去運動，不需要在此時刻意減肥。

磨牙

通常在白天醒著時，腦神經會抑制磨牙衝動，但當睡著後腦神經的反應被壓制時，潛意識引起的動作就容易出現，因此小朋友的磨牙情形常在睡著時才發生。

中醫對於磨牙的原因是歸因於與腸胃虛弱有關，因為口

POINT!!

口臭？

睡前吃東西也可會發現小朋友有口臭的情況，這就像冰箱裡放了太多的菜，吃不完，壞掉了，餿掉了，產生不好氣味的道理一樣。

腔反應著腸胃的狀況，太晚吃晚餐或睡前進食，較容易磨牙，其機轉是因為夜晚睡覺時氣血循環變慢，胃部排空的時間也變慢，如果在睡前進食，腸胃無法得到休息，腸胃一直蠕動，腦神經的抑制效果消失，而產生磨牙的現象。

如果小朋友的腸胃弱，中醫會開四君子湯來給孩子調理，如果磨牙很嚴重的，就再加一些麥芽、人參鬚、山楂、陳皮等，當然有些中醫也會額外再加開一些藥物，不過必須在小朋友胃氣夠的情況下才開，否則大多只會開健脾的藥。

改善小朋友磨牙的中藥材

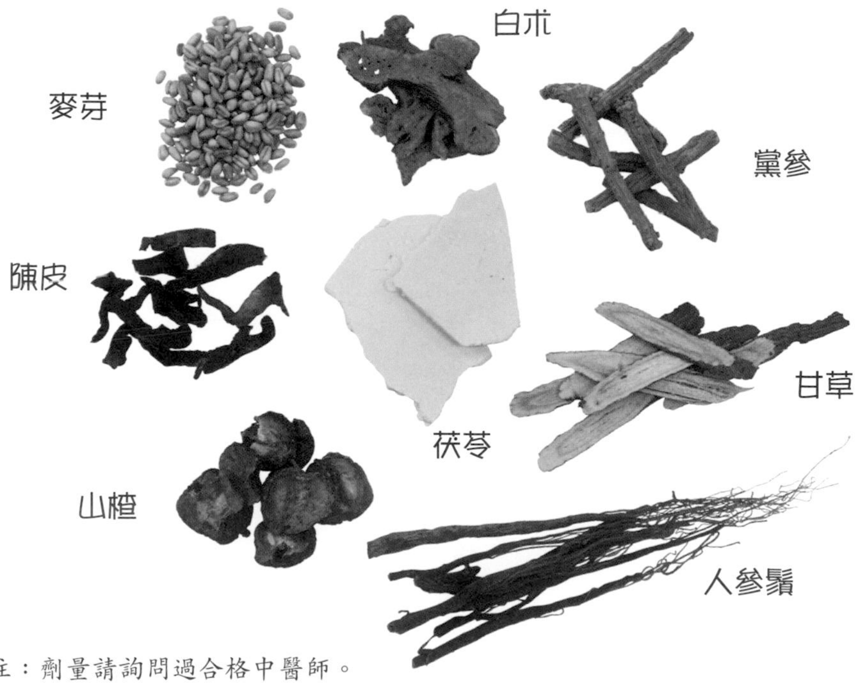

編注：劑量請詢問過合格中醫師。

尿床

一般來說，小朋友的神經系統要等到十一、十二歲時才算發育成熟。在這之前，有些小朋友的神經系統因為發育較慢而仍有尿床的情形。因此有些醫師會說，等到小朋友上國中就會好了。

中醫認為是小朋友的腎氣尚未發育完全，才會有尿床的現象，約在第一個階段後（男生八歲、女生七歲），尿床的狀況會稍微改善，這時父母可以加強孩子的腎氣發展，平常讓肚子保持溫暖，因為脾胃的氣能間接增強腎氣。所以，有空可以幫他按摩小腿前側的足三里穴、腳底的湧泉穴，或是按摩肚臍四周及肚臍下的氣海、關元等穴位，另外也可以按摩小朋友腰脊旁的肌肉，這裡有與腎臟相關的俞穴。按摩時間最好在飯後半小時或睡前一小時比較適合，

改善尿床的藥茶

桂圓、大棗、甘草煮開水，溫熱飲用，可以提升腎臟的元氣。

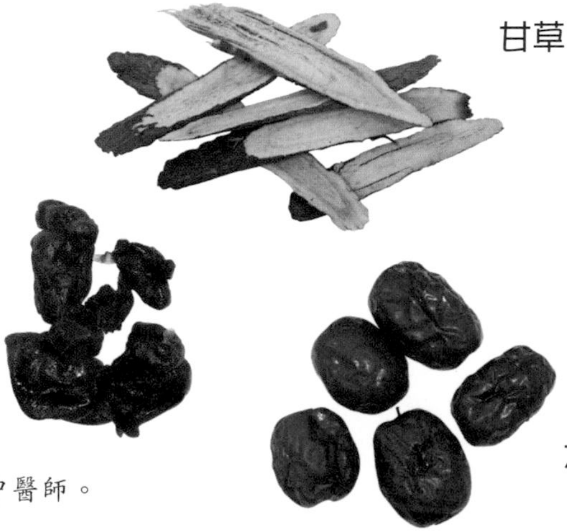

編注：劑量請詢問過合格中醫師。

按摩時也不要給小朋友有壓力的感覺。告訴小朋友平常不要吃冰喝涼水，也不要碰太寒涼的食物。在藥茶的使用上可以用桂圓（龍眼肉）、大棗、甘草等煮開水，溫熱飲用，來提升腎臟的元氣。

異位性皮膚炎

以中醫的角度來看，異位性皮膚炎是因為體內的火太旺，熱散不出去，而產生的毒（中醫術語的毒特指皮膚所顯現皮膚潰瘍、出汁流膿等的問題）。這是一種虛火，中醫碰到患異位性皮膚炎的小朋友，通常不會給予類固醇類的藥膏或抗組織胺這類的藥物去壓抑病症。

中醫除了由肺與大腸的角度來選用中藥治療異位性皮膚炎，少數小朋友會因為外在進入體內的寒氣太多，使得熱鬱在體內，體表的寒氣無法使熱氣排出而出現異位性皮膚炎，若屬這類外寒熱鬱的小朋友，可用三伏貼的方式來改善狀況。

注意力不集中

小朋友是陽氣旺盛的體質，充滿了元氣、好動，如果不讓小朋友動，他就會用其他方式發洩。對中醫來說，小朋友的注意力不集中是屬於臟腑機能臟躁不安的現象，多屬於虛性的躁，而不是火性的躁。

當小朋友注意力不集中時，如果有臟躁不安的狀況，中醫會用甘麥大棗湯來調理，此時就不適合吃人參、粉光參、冬蟲夏草等這類大補元氣的藥物，當然也要避免食用炸雞塊、薯條這類會引起燥熱的油炸食物。

如果長期壓抑小朋友注意力不集中的問題，反而可能會變成過動症。若已經變成過動症了，也就是說，上述甘麥大棗湯等較柔和的藥物無法改善時，中醫會把脈區分小朋友的證型，再開適合的調理藥物加以調理。

自閉

自閉有的是先天自閉的問題，但也有的是因為後天環境所造成的，以中醫的觀點來說，自閉的問題必先查明原因，才能找出紓解的方式。

後天環境造成的自閉：中醫認為大多是因為

改善自閉通竅的中藥材

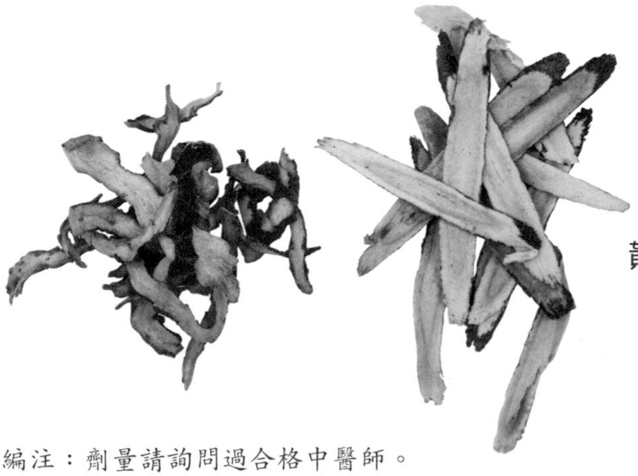

石菖蒲

黃耆

編注：劑量請詢問過合格中醫師。

家人或是環境對小朋友過度的限制，又或是小朋友面對了一些他沒辦法承受的事情，這時必須先設法改變環境，只要引導得宜，這些小朋友的問題都可以得到改善，不要隨便幫小孩子貼上標籤。

先天自閉的問題：多屬大腦內部的問題，可能在於神經迴路本身、神經傳導物質、或是神經接受器等等。然而多在小朋友漸漸長大，進入幼稚園與他人互動時慢慢發現。

中醫的治療可以分為藥物或是針灸，藥物的選用會因小朋友的腎氣發育未全而用六味地黃丸之類的藥物，且因心與腦的孔竅不通而用通竅的藥物，如石菖蒲、黃耆等。

針灸的穴位多以頭皮針為主，這類穴位往往是大腦皮質投射在頭皮的相應位置，針灸頻率大約是每週二至三次，每次約二十分鐘左右，若能配合復健或心理治療，效果會更好。

6

國中以前，轉骨好時機

國小高年級至國中的照顧之道

圖片提供／郭曉

孩子長大了，爸媽不再為把屎把尿的事情而擔心，但繼之而起的是得關心孩子的課業壓力、情緒管理、身體健康……尤其是進入青春期以後，孩子開始會在意自己的美醜，關心自己的體態，有些孩子連一顆青春痘都要計較的時候，爸媽該怎麼協助他，讓他適應身體的變化，快樂的面對自己身體的轉變，並將關心化為實際的行動，讓親子互動更自在，這樣樣都考驗著爸媽的智慧與耐心。

轉大人！孩子轉骨就趁現在！

轉骨從字眼來看就是變大人，從小孩子身材變成大人身材的意思。

古人認為，在這個成長轉折點要好好補充營養，這是因為以前人的生活，環境較差，營養不足，必須要逢年過節時才有肉吃，所以會在最後的成長時間（男生十六歲、女生十四歲）給予大補氣血的湯藥直接飲用，或做成藥膳形式給孩子食用。

不過現在的孩子大多不是營養不良的問題，而是飲食不均衡、吃飯不定時、喝太多的飲料或冰品等而阻礙腸胃機能，導致轉骨過程出現問題，最明顯的地方就是身高。

POINT!!

什麼時候才是轉骨好時機？

中醫根據《黃帝內經》所提：女生的生理是用七做倍數，而男生的生理是則用八做倍數，也就是女生長高的時間約七至十四歲，男生長高的時間約八至十六歲，每個孩子的反應有人早些、有人遲些，但最後的期限是男生十六歲、女生十四歲。

營養均衡，才有辦法長高

在孩子轉骨之前，爸媽應該要特別注意他的飲食習慣和營養是否均衡，如果在國小中、高年級，身高沒有達到一般孩子的平均值，就要吃藥調理，先讓他開脾，有胃口，這樣才能靠腸胃消化，吸收到營養。不過用藥結果因人而異，因為每個人的體質不同。有些人即使用藥，也不見得就能一下子長高。

但不管結果是不是盡如人意，也還是要讓孩子先得到生長的能量，吃得營養均衡，這樣才有辦法長高！

針灸轉骨，虛寒體質適用

當小朋友到了國中仍無法達到預期身高時，可採較激烈的方式——針灸治療來加強，但一定要找合格的中醫師來診治。

不過，以針灸的方式轉骨，對虛寒性體質的人較為有效，對熱性體質的人（因飲食作息亂、反覆感冒生病、飲食吃太多烤炸油膩，看起來黑、乾、瘦、嘴唇紅紅、皮膚乾乾的）來說，

POINT!!

青春期改變成長的狀態！

原則上，小學一年級的平均身高為一百二十公分，每年以平均六公分的成長（有人高於六公分、也有人低與六公分），到了小學六年級應有一百五十一公分的身高了，剛進入國中七年級時（以前稱為國中一年級），男女生的平均身高應有一百五十六至一百五十七公分。然而身高的成長速度可能因為青春期的轉型，使得男生的平均身高成長在國中三年之中，下降為每年為四公分左右，女生更因為月經來到而下降為一至二公分，甚至男女生都不再長高了。

效果較不顯著，成長的空間有限。

若要助益熱性體質的小孩的身高，除了針灸外，還要用藥物來調理，然而有些父母會自行到藥房抓所謂的轉骨方給小朋友吃，但由於轉骨方多屬熱性藥材，對熱性體質且身高不足的小孩並不適合，有時反而變成橫向發展，而且容易上火，所以還是建議格合格中醫師診治。

作息規律，多動才能長高

孩子轉骨的時候，生活一定要作息規律。一般來說，晚上十一點至半夜一點是生長激素分泌最多的時間，但前提是一定要十一點前睡著。然而現代小朋友的課業壓力大，父母又不願讓小朋友輸在起跑點上，所以小朋友的夜生活比大人還累，還晚下班，當然發育轉骨會出現問題。

養成規律的生活習慣，避免久坐不動，以免造成氣血循環不佳，並且鼓勵孩子多運動，不僅可以促進孩子發育生長，還能活化孩子腦部神經系統，帶來愉悅的感覺，避免負面想法，並增強身體機能與免疫力。

運動作息時間最好是日出而作、日入而息，運動完不要馬上喝冰的飲料，以免損傷腸胃及元氣，進而影響轉骨過程。

按現代醫學認為，若小朋友持續三年的年度長高成長在四公分以下，且這三年之中的生長激素都低於標準值，可以用打「生長激素」。

如果是因體質的因素而長不高（生長激素分泌量正常），或是如果已經達正常身高卻還想長高的，請不要刻意要求醫生施打生長激素，因為對身體的影響仍是兩派觀點。

如要打生長激素，雖可使用健保或是自費的方式處理，但健保審核嚴格，未必人人通過，自費處理，結果也可能是花了錢卻沒有達到預期效果。

POINT!!

成長過程中一定要注意的問題：脊椎側彎

脊椎側彎有先天及後天的不同，先天多與脊椎的椎體有關；可能是椎體發育不全的變形，使得脊椎的穩定度變差，於是愈長愈歪。後天的則因為姿勢不良、肌肉兩側的協調度不夠、或因為太瘦，使得脊椎承受太多力量而長歪。若是先天的椎體有異常，整脊是沒有用的；若是太瘦，則讓小朋友多吃一些肉類；若是兩側肌肉不協調，則可運動來強化改善。

另外不要讓孩子常坐旋轉椅，坐椅要適合他的高度，並要求他坐正，不要讓他側躺在沙發上看電視，如果坐一段時間之後，就要讓他起來動一動活動筋骨，這樣應可避免小朋友脊椎側彎。

若真的發生脊椎側彎，因為小朋友仍在成長期，現代醫學角度會用背架來矯正，只要是醒著，就要穿上背架。嚴重的，連睡覺都要穿背架。若需要開刀，也要儘早開刀，不過，如果只是輕微的脊椎側彎，也可以考慮整脊，但宜尋求合格的中醫師。

青春期的到來

孩子進入青春期後，表示他的生殖器官開始成熟，第二性徵開始出現，女孩要變成真正的女性，男孩也要成為真正的男性。除了生理開始變化，心理也和過去不同，孩子開始想要擺脫父母的監管，情緒也變得多變而不穩定。

為了吸引異性的注意，有些孩子從身高、體重、第二性徵等變化，甚至臉上的青春痘都會在意，這時候爸媽想要關心他，幫助他順利長大成人，可能要多費些心思喔！

成長痛

有些孩子在下午或夜裡會抱怨大腿、膝蓋或小腿疼痛，早晨起床有跛行的狀況，但孩子沒發燒，腿也沒有出現紅腫現象，只單純有痛感，且無法確切的找出疼痛的原因，有人便將這種現象稱為「成長痛」。

過去有的醫生認為是因為是孩子的姿勢、步伐姿態所導致的，也有醫生認為那是因為孩子骨骼成長較快，肌肉與韌帶的增長速度趕不上，所產生的緊繃疼痛，目前尚無定論。

如果孩子發生「成長痛」的現象，可以帶孩子泡泡溫泉，或者平時在家泡泡澡、泡泡腳，也有助於改善成長痛的現象，也可以額外燉人參雞湯、牛肉湯之類幫孩子調理。

另外，也可以幫孩子按摩委中穴（委中穴在膝窩膕肌的中點）、足三里穴（前脛肌距膝關節下方三寸）、血海穴（大腿內側近膝關節三寸處的凹窩）。或者膝關節上下的肌肉皆可輕輕按摩，也可由大腿後側往上一直按摩到臀部、腰部的地方。

改善成長痛的穴位

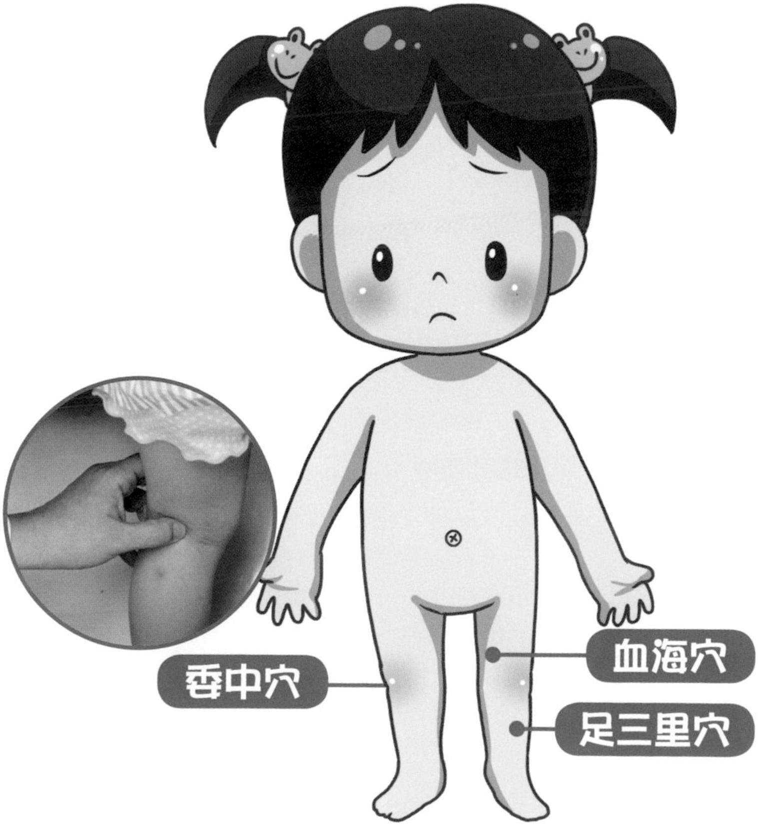

月經、初經

月經，是婦女子宮的內膜增厚，血管增生、腺體生長分泌，以及內膜崩潰脫落並伴隨出血的週期性變化，通常每隔一個月左右就會產生週期性的排血，這種生理上的迴圈週期就叫做「月經週期」。

對於小女生來說，大約十四歲時會來第一次月經，稱為初經，現在因為飲食的改變，有些小女生的初經會提早到十至十二歲，甚至更早。初經來的前一至二年，週期會比較混亂，爸媽可能要在此時多關照，必要時可帶給西醫婦科檢查以瞭解卵巢子宮的機能，也有助於中藥的使用。

調理月經可在月經前，若伴有血塊，則用活血化瘀類，如當歸、川芎、肉桂等的中藥材；或在月經期間，出現腹部冷痛的，可用熱的紅糖薑茶，作法是以老薑切片、紅糖適量，用水五百ＣＣ煮開，轉小火續煮約十分鐘，濾渣，濃度甜度則視個人喜好；若在月經後，可以用四物湯，作法是以當歸、川芎、熟地、白芍，各約十克，水四百ＣＣ，滾後轉小火續煮約剩兩百ＣＣ，濾渣，溫熱飲用來補血。

原則上，上述三種方式擇一使用即可，除非體質太差，中醫師會在不同的時期使用適當的中藥，這種治療

POINT!!

如何幫女兒調理身體呢？

如果要幫女兒調理身體，只要初經來潮第五至六天左右，用四物湯直接溫熱服用三天、每天一次，也可煮四物雞湯、或是使用坊間的當歸湯、藥膳排骨等即可，因為這些藥膳湯中都有十全大補湯的基本藥材。

之後每次月經來時，在第五至六天用上述方式喝三天，若不到五天月經就因某些因素（例如吃到冰冷的食物）而停止時，則在隔天開始喝四物湯三天、每天一次，這樣調理方式適合國、高中到大學階段。

方式，稱為「月經週期療法」，而且至少要治療三個週期。

爸媽要叮囑女兒的是，月經期間忌吃冰冷的食物、不能熬夜，有些人一吃冰的食物就馬上月經停止，因此一定要注意。此外，女兒月經期間要叮嚀他學習按時觀察月經的過程、顏色、形狀、量，如有異常，最好帶女兒就醫做調整。

男生第二性徵與疝氣、包皮過長的問題

男生第二性徵的時間大概在國小五、六年級到國中一、二年級時出現。

疝氣是男生常見的問題，指的是腹股溝的膜因某些因素而沒有密合，這會在使用腹壓出力時，無法有足夠的力量出來，使別人覺得他怎麼那麼弱的感覺。一般來說男、女生都會有疝氣的問題，但在比率上來是，還是以男性占大多數，一般來說都是以手術來解決問題。

另外，男生的包皮過長，可能有感染的問題，所以越小的時候處理越好，不過不是每個爸媽都贊成一歲以下割包皮，甚至有些爸媽主張等到國小轉骨後再開刀，這都是見仁見智的問題。其實只要找到合格的醫師做處理，不會造成感染或其他問題即可。

濕疹、痤瘡一併出現怎麼辦？

現在很多孩子的飲食多偏油膩、烤炸的食物，女生月經前後內分泌紊亂，男生因元氣沒有適當發洩出去，都可能引起濕疹、痤瘡。有人主張在這個時候就必須讓孩子多運動，讓他的代謝比較好，如果還是不見改善，也可以請中醫用藥物調理。

要改善濕疹、痤瘡的問題，飲食作息一定要規律，該吃得要吃，並且有適當運動。一旦長痘痘，不可以用手去抓破，因為一旦捉破就會留下疤痕，在這段時間不要吃油膩烤炸的食物，痘痘如果發不出來就會變成暗瘡，如果此時用中藥調理或以西藥治療，只要避免再受刺激，大多症狀都會改善。

一般來說，爸媽也可以用痘痘生長的位置，來判斷孩子是哪些臟腑出現問題：長在手臂、兩頰，鼻子外跟腸胃有關；長在下巴跟腎有關；長在額頭就是心火，長在鼻子內與肺火有關。

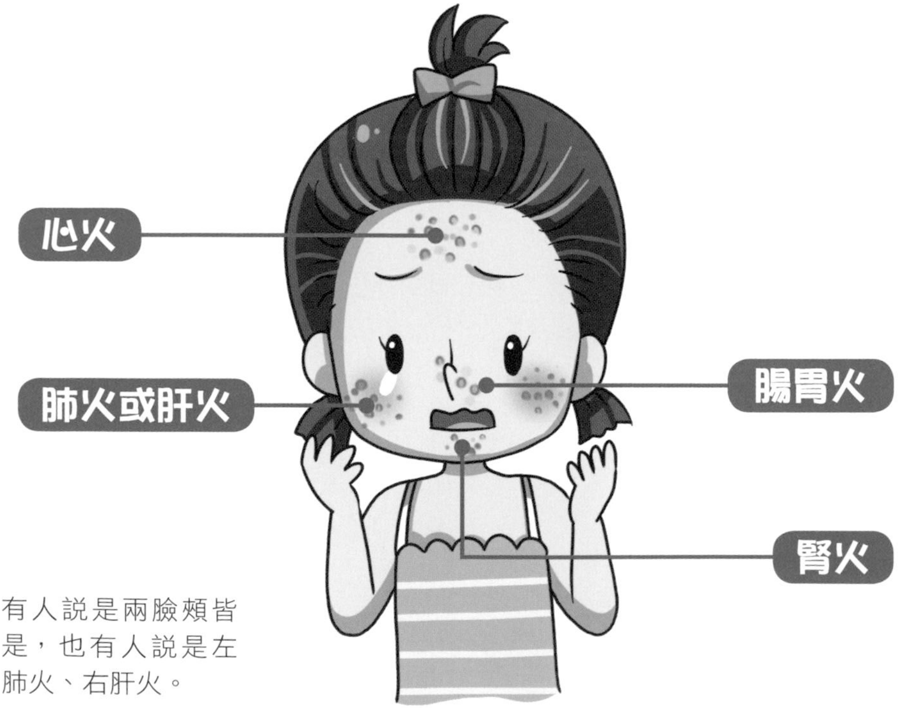

有人說是兩臉頰皆是，也有人說是左肺火、右肝火。

學習壓力、作息不正常

因為少子化的關係，加上許多爸媽有望子成龍、望女成鳳的期待，因此孩子大多有學習壓力的問題，有些孩子甚至出現視力不佳，熬夜失眠，或是緊張冒手汗等各式各樣的狀況。爸媽除了調整心態因應孩子的問題，當然也可以請中醫協助幫忙，以解決孩子因壓力而產生的一些症狀。

還有些問題，與壓力無關，純粹是因為孩子的作息不正常，前面幾章已經多次提到作息正常的重要，但孩子如果不能遵守，因而引發一些症狀，也可以求助中醫，以中藥做調理改善症狀。

晚睡、熬夜

看電視、上網或課業壓力導致孩子晚睡、熬夜，是現代家庭中常見的寫照。如果作息混亂，爸媽應以身作則，讓孩子每天要睡足八小時（也就是在晚上十一點前一定要

安神飲品

桂圓茶：龍眼肉三至五個，熱水 100C.C. 沖開，傍晚七點左右使用。

生脈飲：黨參三錢、麥冬三錢、五味子一錢，水 500C.C. 煮開濾渣後，溫熱當開水飲用。

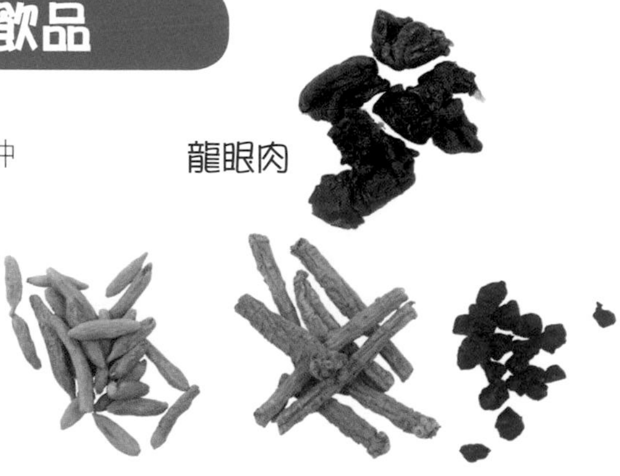

龍眼肉

麥冬　黨參　五味子

睡覺），才不會使他的身體變虛，引發煩躁不安、情緒變差，甚至影響到學習，產生惡性循環的狀況。雖然培養正常作息時間，避免熬夜是老生常談，但說起來容易，做起來卻不一定容易，爸媽一定要堅持原則，否則孩子會因為休息不夠，而使抵抗力變弱，衍生的問題將更難解決。

如果孩子晚睡，吵著肚子餓時，雖不建議父母給予宵夜，但若真得很飢餓時，請在睡前二小時左右，同時也請爸媽不要準備油膩的食物，因為晚上吃東西會影響到孩子的腸胃功能，甚至香濃的雞湯也會造成孩子的腸胃負擔。如果孩子一定要晚睡，請盡可能讓孩子在十二點之前睡著，至少可以睡六個小時。睡眠不足會使人情緒煩躁、心情不好，並衍生其他疾病，等到身體出現狀況時，再以其他藥物解決都不是最佳解決之道。如果孩子有過勞的現象，可以用藥膳或茶飲，讓孩子安神。

■地圖舌，宵夜造成的

因為吃宵夜，可能會使孩子有地圖舌的問題，也就是說就像滾石不生苔一樣。我們每天喝進腸胃裡的湯湯水水、飲料而造成的舌苔，就像水溝會生青苔一樣，只要喝進濕濁的湯水不要太多、太滿，就不會生很多舌苔。

要排除這種濕濁的方法最好就是飲食規律。如果有感冒的症狀就要先將病症排除，感冒後要調理好；如果

改善地圖舌的藥茶

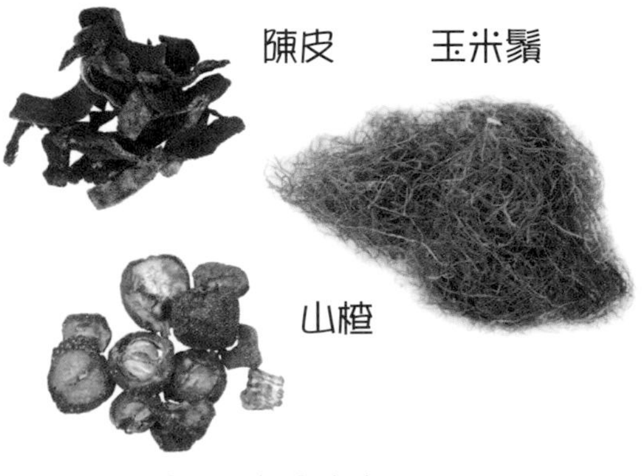

編注：劑量請詢問過合格中醫師。

平常沒胃口或容易脹氣就使用幫助腸胃消化的藥物，最簡單的就是吃點仙楂或陳皮來幫助消化，但仙楂或陳皮多吃會耗氣，所以不宜吃太多。吃陳皮梅能改善脹氣或提升胃口是因為陳皮梅有理氣作用，可以讓腸胃的氣通順一點，但它的作用不是除濕，只是幫助腸胃蠕動較好，讓濕濁較快排出，除此也可以用有機的生玉米鬚以三錢煮少許水喝，它可以讓腸胃更加水濕，進而改善腸胃的狀況。

注意力不集中

有些孩子因為注意力不集中而影響學習成效，爸媽因此催促甚至責備孩子。其實催促或責備的效果都不好，只會增加孩子的反感及壓力。爸媽可以幫助孩子在最佳的記憶時間（上午優於下午，更優於晚上），讓孩子記憶難記的學習資料，並幫孩子

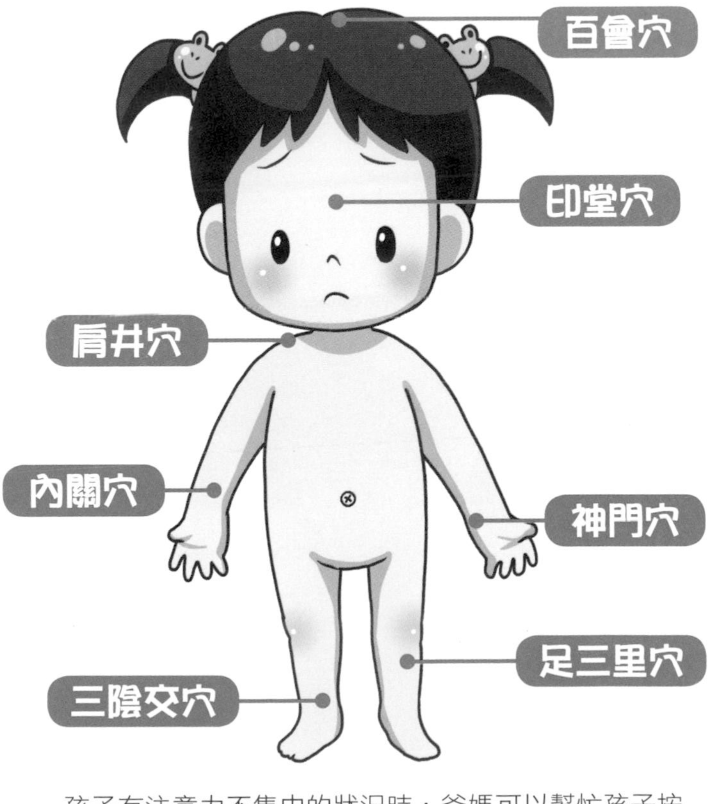

孩子有注意力不集中的狀況時，爸媽可以幫忙孩子按摩百會、印堂、肩井、神門、內關、足三里、三陰交等穴位，以改善孩子的學習成效。

改善注意力不集中的藥茶

益氣保元湯：黨參二錢、黃耆一錢、甘草二錢，水 500C.C. 煮開濾渣後，溫熱當開水飲用。

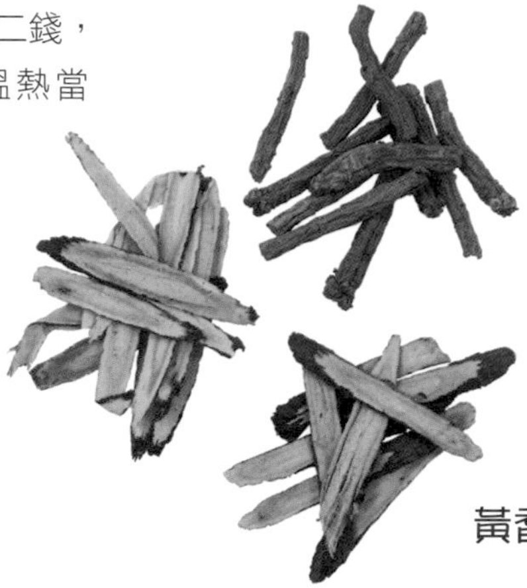

寧心安神茶：浮小麥、甘草、大棗、茯苓、遠志各三錢，水 500C.C. 煮開濾渣後，溫熱當開水飲用。

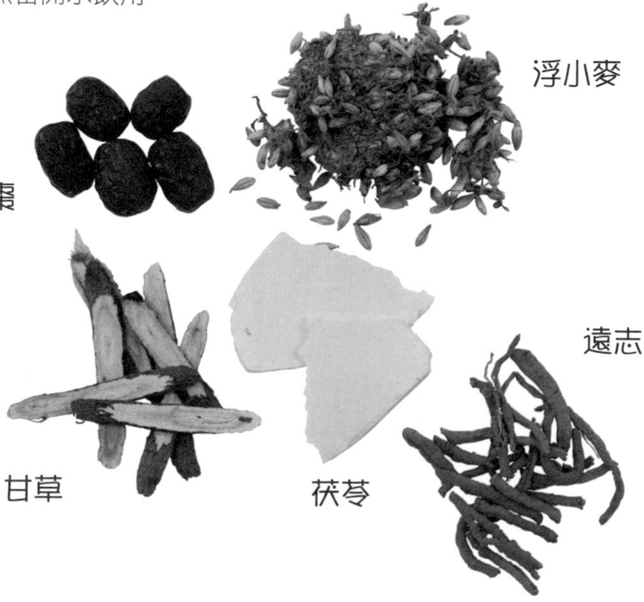

準備一個安靜的學習場所，讓孩子比較容易集中精神。但切記不要讓孩子吃太多零食，以免腸胃的血循變多、腦部的血循減少。

如果孩子學習速度較慢，可以幫他按摩一些穴位，或準備益氣保元湯、寧心安神茶，讓孩子的注意力集中，有助於孩子的學習成效。

視力保健不能疏忽

有些孩子用眼過度，先是而產生假性近視，如果沒有治療，可能會變成真的近視，必須戴一輩子眼鏡。所以爸媽一定要先做好榜樣，不要一直久坐在電視機或電腦前，不管是唸書或看電視、使用電腦，五歲以下的孩子每看電視（電腦或書本）三十分鐘就要休息一

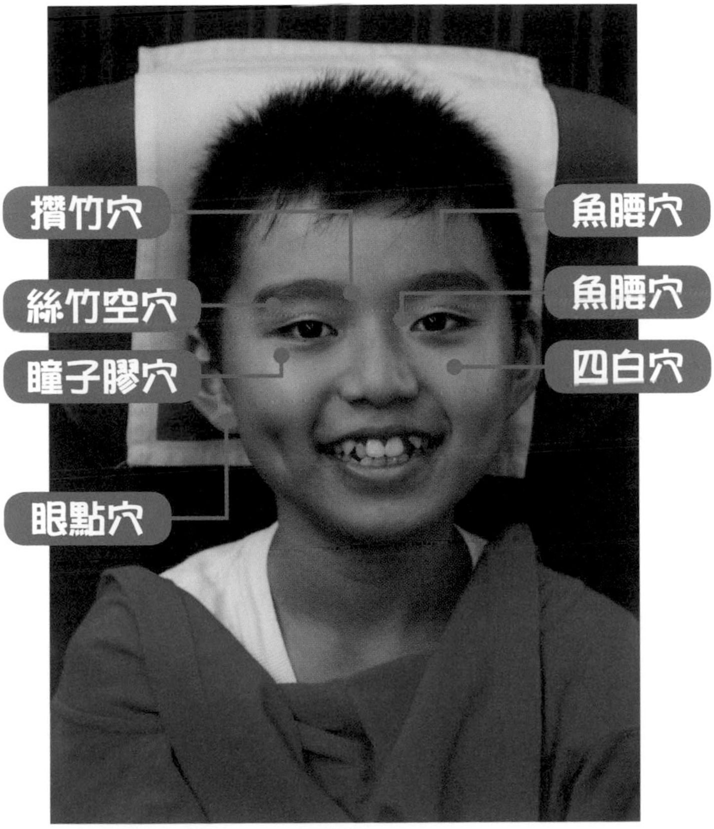

爸媽可以叮嚀孩子常常按摩魚腰穴等穴位，幫助孩子做好視力保健。

下，五歲以上的孩子每五十分鐘就要休息一下。孩子休息時，也可以準備明目茶飲讓他飲用，可以幫助孩子做好視力的保健。

另外，爸媽也可以幫孩子或督促孩子讓他自己做眼睛的按摩保健，按摩的方法是從眉毛頭一直往眉毛尾按，然後按眼角外側，再按眼角下面，一直按到鼻頭那一側，盡量按眼眶骨的地方，每天只要早晚一次，按摩時按壓個兩三圈即可。按摩的穴位包括：睛明、攢竹、魚腰、絲竹空、瞳子髎、四白、耳穴眼點（在耳垂中央）。

明目的藥茶

枸杞菊花茶：枸杞、菊花各三錢，水500C.C.煮開濾渣後，溫熱當開水飲用。

枸杞

菊花

決明茶：草決明二錢、甘草一錢，水 500C.C. 煮開濾渣後，溫熱當開水飲用。

除明目之外，也有助排便的功效，所以大便次數多的小朋友要減量。

草決明

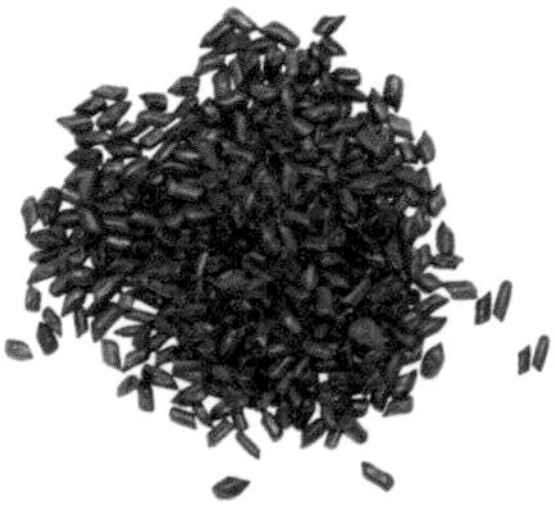

甘草

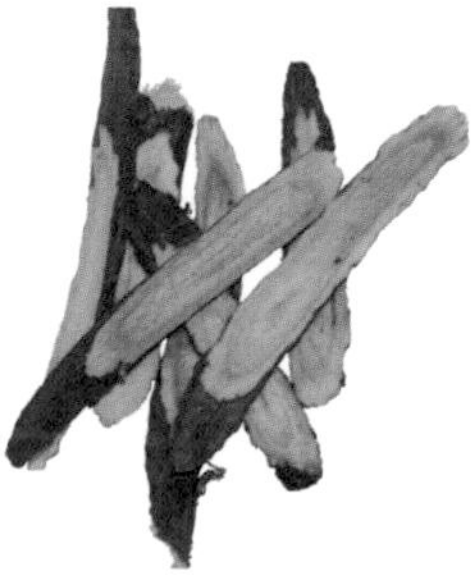

手汗，好糗！

手汗是目前很常見的一種症狀，現代醫學認為是交感神經結過度亢奮導致手汗嚴重，然而經過神經結切除術後，有的人不再流手汗，但身體其他部分卻過度出汗，也造成了一定的困擾。有些人一緊張就會流手汗而影響考試，導致成績不好且心情不愉快。在中醫來說流手汗是因為脾虛或肺虛、氣虛，有少數人是因為腎虛或內熱所引起的。

因此，中醫會用桂枝龍骨牡蠣湯（組成：桂枝三兩、芍藥、甘草、生薑、大棗、龍骨、牡蠣）來治手汗，並加黃耆、浮小麥等藥材。當然治療的配方有很多種，舉例來說：如果是脾虛，會用甘麥大棗湯（組成：甘草、浮小麥、大棗）加黃耆；有內熱則會以當歸六黃湯（組成：當歸、生地黃、熟地、黃連、黃芩、黃柏、黃耆）來清熱止汗，但還是須經過醫師把脈醫診後，並配合小朋友的體質、身體狀況來做調理。

爸媽可以叮嚀孩子，不要讓他喝太多的飲料，也可以練習運動或用打坐的方式來改善、學習放鬆技巧，避免緊張流汗。

後記

用中醫的方法養出健康寶寶

本書將小孩分成了六個階段，每個階段，孩子都有不同的需求，在照顧上也有不同的重點需要做爸媽的注意。最重要的，每個階段的孩子，也會發生不同的病症，該注意什麼、該怎麼調理、該怎麼治療。而在求助醫師之前，我們必須有一定程度的了解；在求助醫師之後，我們也必須清楚的知道該如何幫孩子做好調理，讓他們恢復健康。

有人可能會問我，用中醫的方式照養孩子，就不需要西醫了嗎?答案當然不是。站在中醫師的立場，中醫的理論與方法是從孩子的體質開始調理，倘若能夠顧好最根本的體質，孩子自然很少生病，又怎麼會得常常去找西醫呢?

本書就是以中醫的角度，以「調理」為根本，讓每個孩子在每個階段都能順順利利、健健康康的成長。

最後，有幾個原則還是希望做爸媽的牢記：

原則一：用藥因人而異，需考量孩子體質

中醫沒有如西醫的嚴格用藥限制，因為中醫認為藥物與食物是相同的，古代稱為「藥食同源」，食物就是中藥、中藥也是食物，因此中藥包含了一些日常生活的食物，如當歸、川芎、枸杞、大棗等。若以食物的角度，其實可以自己去藥房、賣場或雜貨店就可以取得，並在煮菜時加入到菜餚中。但也因為不用醫生處方的狀況下就可自行使用，而常讓人誤以為中醫不夠嚴謹。

有些人會直接找古書的藥方，或是聽信坊間經常出現的一些偏方，以為某人吃了有效就跟著一起食用，但爸媽可千萬別忽略了，疾病的症狀表現就算是大致相同，但每個小朋友的體質卻有明顯差異，就算是對某個孩子有效的藥材，卻不見得對自己的孩子有效，所以一定要經過醫生把脈辨證，對症下藥，不要自作主張。

原則二：尊重醫囑

如果醫生已經在醫囑中囑咐儘量減少食用的東西，最好還是減少食用，也調整生活習慣，以避免損傷身體。因為當元氣、體質慢慢被消耗掉之後，就很難靠後天保養再找回來。就像我們

本來有十足的元氣，但是我們卻一天當兩天用，即使有一百二十歲的體力也被提早消耗掉，只剩六十年了。

現代人既希望生命能夠長久，又常常用損耗生命的方式在生活，一面找醫生看病，一面又不願意遵照醫生囑咐去做，如此矛盾的心態，又要如何保養身體呢？

自然界的規律是「破壞容易、建設難」，就如房子可以幾分鐘內用炸藥炸掉，但卻無法幾分鐘內蓋好。即使蓋好了，也沒有人敢靠近。因此在調理的時間絕對不能急，要給身體一段時間去恢復，不要抱著今天看過醫生，吃了中藥，明天就藥到病除，或是自行認定痊癒而擅自停用中藥。

另外孩子的成長必有他一定的時程，大人可以做的就是給他成長的時間，提供七分的保護，古人稱之為「吃飯七分飽、穿衣三分寒」。至於以中藥來調理，只是幫助孩子加快復原的時間，例如將病程由七天減少為三天，因此爸媽不應將藥物視作仙丹，而是要給孩子身體復原的時間。

原則三：就醫可先找中醫

中醫一向重視生命的自然運行，所以不斷地提倡規律的生活。日出而作、日入而息，早睡早起，該用餐的時間用餐，中午之前陽氣足時可以吃哪些食物，中午之後陽氣開始轉弱時不適合吃哪些食物，十二點以前吃什麼，十二點以後吃什麼。如果孩子身體微恙，只要吃得下、睡得著、排便順利、能活動即可，因為抗體會在數天內出現來對抗病菌的。

如果孩子必須就醫，不一定急著找西醫診治，也可以先看中醫，讓中醫先做治療，因為現在很多中醫師都具有相關西醫體系的背景，有的是中西醫師、有的曾是物理治療師、職能治療師、醫檢師、藥劑師、護理師專業醫療人員，再轉考中醫師的。且學校及實習，都有一堆西醫的課程，讓中醫師擁有現代醫學的觀念，即使在法規下不能使用西藥，也有足夠的能力與知識，為您的小孩轉介其他西醫，做適當的處理與治療。現在除了一般診所有中醫之外，也有不少大型綜合醫院都有中醫門診，若有急症時，也可馬上會診或轉診西醫，因此爸媽應對中醫有信心。

原則四：孩子發育自有時程

每個孩子的發育都有他自已的時程，爸媽的心態不可太急躁，期盼孩子可以一夜長大，要給孩子發育的時間，也不要抱著養育天才的心情，給孩子太多的學習壓力，糾正孩子不良的習慣盡量賞而勿罰，免得孩子反抗，適得其反。

同時，照顧孩子時也要多陪伴、多觀察，如果發現孩子在某個發展階段卻有不協調的狀況發生，最好提早就醫，如果有發育遲緩的狀況，愈早做治療愈有效果，先找一家機構治療，只要能提早幫孩子做適當的治療，不一定要要求有大醫院的環境。中醫對於發育遲緩的孩子，會用頭皮針做針灸治療只要按摩、刺激穴位，並配合復健治療也能得到不錯的效果。

總之，中醫必定有優點，才可能存在如此長的時間，但是目前的主流醫學是西醫，因此中醫在爸媽的心中常成了「不到萬一，才不得不求的方法」，或者害怕長期服用西藥治療小朋友的疾病，導致小朋友的臟腑損傷時，才想到要用中藥來調理體質，事實上，古代沒有西醫，中醫也照顧了中國人數千年來的健康，所以想要養出一個健康寶寶，中醫也是辦得到的。

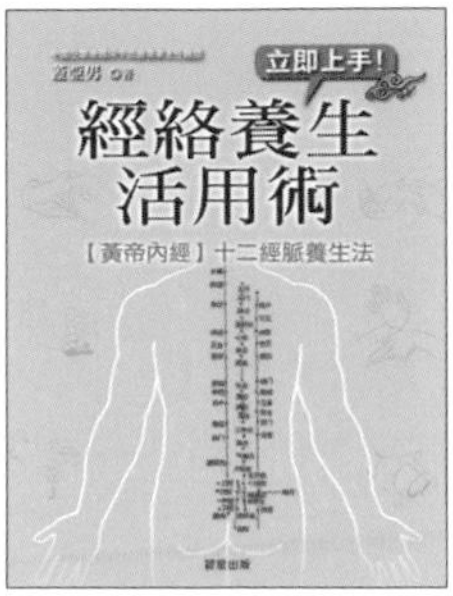

《經絡養生活用術》

蓋亞男◎著
定價：350 ／特價：249 元

★一本最科學、簡便、實惠的家庭養生祕方

結合中、西醫術精粹，融匯傳統秘方、貫通現代醫理，深入淺出分析，一套獨特的經脈養生秘方，包括 7 大養生法，27 種臟器和情緒調理法，14 種食療處方和 6 種自然養生妙招。

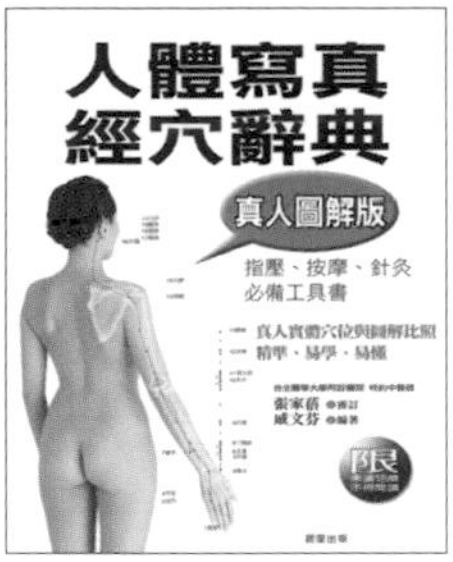

《人體寫真經穴辭典》

戚文芬◎著
定價：1000 ／特價：799 元

★眞人實體寫眞，指壓、按摩、針灸必備工具書

針對人體各種不同的經絡有不同的功效，
用於針灸，可以引氣、治病。
用於指壓按摩，可以舒緩筋骨、達到養生保健之功效。

《別讓常識傷害你的皮膚》

王國憲、黃中瑀◎著
定價：250 元

★美美水水的肌膚，該如何有效保養、預防與治療？

中西醫皮膚科醫師告訴你，最正確的保養皮膚法。收錄最常見 22 種皮膚病的 150 個 Q&A，以及教你透過飲食、藥膳、茶飲、穴位按摩等方法來保養皮膚。

《郭世芳癌症治療全紀錄》

郭世芳◎著
定價：250 元

★癌症預防與治療：中、西醫抗癌二部曲

擁有中西醫雙執照郭世芳醫師，以他長年治療癌症的臨床實務經驗，用中西醫的觀點，透過西醫手術、中藥、食療等方式，爲一般常見的癌症疾病，量身訂作的抗癌治療法。

《解病：解讀身體病徵的246個信號》

瓊安、賈桂林◎合著　李文昭◎譯
定價：350 元

它們是疾病的徵兆，還是正常的生理變化？

我們都注意到身體有討厭、怪異、難看或讓我們難爲情的地方。指甲也許太黃、經常放屁，或聞起來有阿摩尼亞的味道，這些都是身體健康警訊的徵兆。

《不同血型不同飲食》【全新修訂版】

彼得戴德蒙／凱薩琳惠妮◎著　王幼慈◎譯
定價：290 元

美國書界評論家：十大最有影響力的健康書之一
全球暢銷超過 300 萬冊，已被譯成 50 種語文

四種血型、四種飲食、四種運動方案、四種健康生活計畫
一本依血型打造而成的個人飲食計畫。

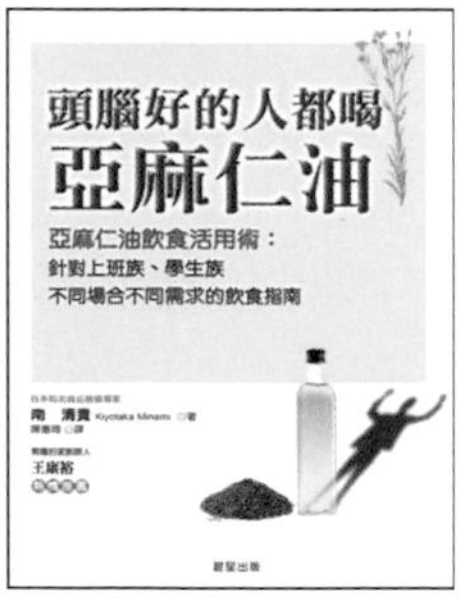

《頭腦好的人都喝亞麻仁油》

南清貴◎著　陳惠琦◎譯
定價：280 元

針對上班族、學生族，不同場合，不同需求的飲食指南

亞麻仁油富含人體最缺乏的 Omega-3 不飽和脂肪酸，是人類最應該每天攝取的優質食用油。每天兩茶匙，幫你做好體內環保、補充人體必需胺基酸、維持大腦清晰運作、改善過敏、預防常見疾病。

《橄欖油神奇健康法》

松生恒夫◎著　蕭雲菁◎譯
定價：250 元

地中海居民健康長壽的好理「油」

富含 omega-9 不飽和脂肪酸 ，不管熱炒、煎炸皆不易氧化。每天攝取 2 湯匙可預防罹患心血管疾病、腦部疾病、糖尿病、便秘、動脈硬化以及癌症。

《腸道健康法》

新谷弘實◎著　李毓昭◎譯
定價：250 元

新谷醫師在看過 30 多萬例的腸、胃道內視鏡後，獨創了一套能維護健康的「新谷式飲食健康法」。本書從「腸道」與「免疫」兩方面切入，深入探討人體的免疫系統，讓你擁有不生病的生活。

《胃腸會說話》

新谷弘實◎著　張佳微 / 黃郁婷◎譯
定價：250 元

- 以內視鏡看過 30 萬人的胃腸相，提出世界最具權威的健康法。
- 不生病的醫師 Dr. 新谷弘實的成名作。
- 一本讓你免於疾病恐懼的書。
- 要是不想因癌症而死，那就非得預防不可。

《元氣的免疫力量》

新谷弘實◎著　蕭雲菁◎譯
定價：250 元

維持 30 歲年輕的方法

只要藉由「植物力」、「新谷式斷食法」喚醒體內的元氣力量，讓你的細胞恢復年輕，自體的免疫力量，會超乎你的想像！

《Dr.新谷醫師「腸活」瘦身法》

新谷弘實◎著　吳佩俞◎譯
定價：250 元

只要腸子活起來，健康瘦身不困難

新谷醫師告訴你：「計算熱量，其實沒意義！」不必為了熱量多寡而憂心煩惱，首先要考慮的是你腸道的消化效能。

《永保青春：新陳代謝飲食法》

尼可拉斯 · 裴禮康◎著　蔡宛均◎譯
定價：350 元

抗老化保養權威裴禮康博士告訴你：永保青春的秘訣！

「新陳代謝飲食法」可以抵制發炎基因、延長細胞生命、延緩老化、減少皺紋、恢復人體青春活力。本書收錄各種一定要攝取的抗老化超級食物。

《金針菇減肥力》

江口文陽◎著　蕭雲菁◎譯
定價：250 元

每天攝取 100 公克金針菇能收到驚人的減肥效果！

不只讓您瘦、更讓你健康！金針菇素可幫助清潔血液、加強免疫力、預防高血壓、降低血糖值、幫助排便、清除內臟脂肪，推薦給想要減肥或者是改善健康的現代人！

《體溫上升就健康【實踐篇】》

齋藤眞嗣◎著　簡中昊◎譯
定價：280 元

一天一次，讓體溫上升一度，就能遠離疾病！

歐美日專業抗老醫師齋藤眞嗣在本書中提供了許多日常生活就能幫助維持良好體溫的方式，透過小小的改變就能幫助你與家人的身體越來越健康、不容易生病。

《咖啡處方箋》

岡希太郎◎著 蕭雲菁◎譯
定價：250 元

運用科學分析咖啡，「預防」疾病成分的綜合咖啡處方

針對各種疾病分別加以介紹，如第 2 型糖尿病、高血壓、大腸癌、肝癌、腦中風……等，並提供不同的用法、用量以及喝法，以達預防疾病的效果。

《蘋果的威力》

田澤賢次◎著　李毓昭◎譯
定價：250 元

吃蘋果不只幫您整腸、減肥！
還能去除殘留體內的放射能

排出體內的放射性物質、抑制腐敗菌、具整腸作用、可減緩抗癌症劑的副作用、預防高血壓、高血糖並可降低膽固醇、提升人體自然免疫力。

《百藥之王：一杯咖啡的藥理學》

岡 希太郎◎著　李毓昭◎譯
定價：220 元

咖啡豆是藥物寶庫！

作者以專業的醫學背景，將本書內容分為兩部分。第一部分是有關咖啡的歷史，研究從上古時代到現代有關咖啡的各種醫學記載。第二部分則是咖啡對疾病的預防。

《不用刀的手術》

王康裕◎著
定價：250 元

全世界盛行最久、銷路最廣的經典自然療法
5 種根菜汁，風靡全球 40 餘國，影響數百萬人
提升免疫自癒力．避免代謝障礙．有效排除毒素．回復身體平衡。

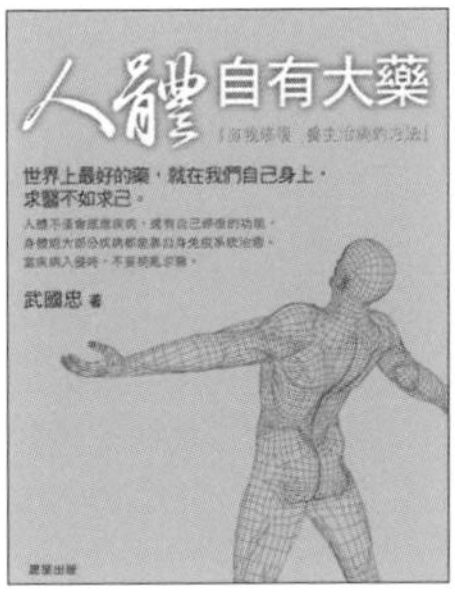

《人體自有大藥》

武國忠◎著
定價：350 元

自我修復 養生治病的方法

以平時、淺顯易懂的文字搭配圖例說明人體各種經絡與穴點，不僅教我們取穴的原理原則，更教導我們如何活用身上的每個穴位，達到養生治病的功效。

國家圖書館出版品預行編目資料

中醫教新手父母育兒經 / 吳建隆著； —— 初版. ——
臺中市：晨星，2014.02
面； 公分. ——（健康與飲食；76）

ISBN 978-986-177-810-5（平裝）

1. 育兒 2.中醫

428 102026450

健康與飲食 76

中醫教新手父母育兒經

作者 吳建隆
主編 莊雅琦
特約編輯 何錦雲
攝影 溫玉玲
繪圖 吳姿蓉
封面設計 果動設計
內頁排版 溫玉玲
校對 何錦雲、吳怡蓁

創辦人 陳銘民
發行所 晨星出版有限公司
台中市407工業區30路1號
TEL：(04)2359-5820 FAX：(04)2355-0581
E-mail: health119@morningstar.com.tw
http://www.morningstar.com.tw
行政院新聞局局版台業字第2500號
法律顧問 甘龍強律師
初版 西元2014年02月28日

郵政劃撥 22326758（晨星出版有限公司）
讀者服務專線 04-23595819#230
印刷 啓呈印刷股份有限公司

定價280元
ISBN 978-986-177-810-5

◆讀者回函卡◆

以下資料或許太過繁瑣，但卻是我們瞭解您的唯一途徑
誠摯期待能與您在下一本書中相逢，讓我們一起從閱讀中尋找樂趣吧！

姓名：________________ 性別：□男 □女 生日： / /

教育程度：□小學 □國中 □高中職 □專科 □大學 □碩士 □博士

職業：□學生 □軍公教 □上班族 □家管 □從商 □其他________________

月收入：□3萬以下 □4萬左右 □5萬左右 □6萬以上

E-mail：________________________ 聯絡電話：________________

聯絡地址：□□□____

購買書名： 中醫教新手父母育兒經

・請問您是從何處得知此書？

□書店 □報章雜誌 □電台 □晨星網路書店 □晨星健康養生網 □其他__________

・促使您購買此書的原因？

□封面設計 □欣賞主題 □價格合理 □親友推薦 □內容有趣 □其他__________

・看完此書後，您的感想是？

____

____

____

・若舉辦講座，您對什麼主題有興趣？

□腸道淨化 □養生飲食 □養生運動 □疾病剖析 □親子教養 □其他

・「晨星健康養生網」(網址http://health.morningstar.com.tw/)為會員提供多項 服務，請問您使用過哪些呢？

□會員好康（書籍、產品優惠） □駐站醫師諮詢 □會員電子報 □尚未加入會員

以上問題想必耗去您不少心力，爲免這份心血白費，

請將此回函郵寄回本社，或傳眞至(04)2359-7123，您的意見是我們改進的動力！

晨星出版有限公司 編輯群，感謝您！